ChatGPT
时代
GPTs开发详解

戴恒怡◎著

U0246983

北京大学出版社
PEKING UNIVERSITY PRESS

内 容 提 要

定制化GPTs（Custom GPTs）是由OpenAI推出的一种创新技术，它允许用户根据自己的特定需求和应用场景来创建定制版本的GPTs。定制化GPTs结合了用户自定义的指令、额外的专业知识以及多样化的技能，旨在为用户提供日常生活、工作或特定任务中的更多帮助和支持。

本书详细介绍了GPTs的概念、功能特点、创建第一个GPTs、指令使用技巧、知识库使用技巧，以及如何根据个人需求和应用场景创建定制化GPTs，如学习辅助类GPTs、个人成长类GPTs、办公助手类GPTs、电商和社交媒体类GPTs、短视频制作类GPTs等。

本书内容充实，语言通俗易懂，案例丰富，具有很强的可读性。它既适合初次接触AI技术的普通读者阅读，也适合有一定经验的AI从业者借鉴。此外，本书也适合那些需要了解最新ChatGPT技术动态的开发人员阅读。

图书在版编目（CIP）数据

ChatGPT时代：GPTs开发详解 / 戴恒怡著. —— 北京：
北京大学出版社, 2025. 1. —— ISBN 978-7-301-35670-8

Ⅰ. TP18

中国国家版本馆CIP数据核字第2024CW3303号

书　　　名	ChatGPT时代：GPTs开发详解	
	CHATGPT SHIDAI：GPTS KAIFA XIANGJIE	
著作责任者	戴恒怡　著	
责 任 编 辑	王继伟　刘　倩	
标 准 书 号	ISBN 978-7-301-35670-8	
出 版 发 行	北京大学出版社	
地　　　址	北京市海淀区成府路205号　100871	
网　　　址	http://www.pup.cn　　新浪微博：@北京大学出版社	
电 子 邮 箱	编辑部 pup7@pup.cn　总编室 zpup@pup.cn	
电　　　话	邮购部 010-62752015　发行部 010-62750672　编辑部 010-62570390	
印 刷 者	大厂回族自治县彩虹印刷有限公司	
经 销 者	新华书店	
	880毫米×1230毫米　32开本　8.25印张　212千字	
	2025年1月第1版　2025年1月第1次印刷	
印　　　数	1～4000册	
定　　　价	59.00元	

　　ChatGPT 自 2022 年 11 月发布以来在全球范围内掀起了一阵 AI 热潮，各类 AI 工具如雨后春笋般不断涌现。人们与 AI 的交互不再局限于娱乐与好奇，而是逐渐将其融入工作、生活与学习的各个方面。通过与 AI 的深入对话，我们可以输入自己的需求、困惑和目标，从而获得宝贵的灵感和实用的建议，进而节省时间，提升效率。

　　作为 AI 工具领域的佼佼者，ChatGPT 的每一次迭代升级都为我们带来了全新的体验。ChatGPT 可以识别图片文字、阅读 PDF 和 CSV 文件。此外，ChatGPT 强大的文本生成能力不仅为数据分析提供了文本基础，还为 AI 绘画提供了精准的文本描述。

　　在 2023 年 11 月的 OpenAI 开发者大会上，OpenAI 发布了 GPTs。GPTs 允许用户根据自己的需求搭建和使用自己的专属 ChatGPT 实例。无论是法律文书类 GPTs、旅行攻略类 GPTs 还是新闻翻译类 GPTs，都可以根据用户的特定使用场景进行定制，使 GPTs 成为该领域的专家。

　　GPTs 的灵活性与可定制性是其最大的特点。用户可以根据自己的需求，定制不同的角色来模拟特定领域的专家，或者通过指令配置让 GPTs 在完成任务时遵循一定的步骤和规则。此外，用户还可以上传自己整理好的资料作为知识库，让 GPTs 学习并整合这些知识。GPTs 还可以联网搜索资料、提供 AI 绘画功能以及进行数据分析，成为个人、团队的个性化助理。

　　GPTs 的搭建过程相对简单。就像使用 ChatGPT 一样，用户只需通过文字与 GPTs 搭建助手进行对话，即可轻松创建出一个又一个专属的 GPTs 实例。这种无须编写代码的方式大大降低了开发门槛，使得任何人都可以通过文字与 GPTs 沟通，完成 GPTs 的搭建。

　　看完这本书后，你不仅能够从零开始搭建一个属于自己的 GPTs 实例，还可以将你的 GPTs 发布到 GPT Store，成为 GPTs 的开发者。本书也可以启发你更好地应用 ChatGPT 这类 AI 工具，让你从传统的文案优化场景中跳出来，找到更多能让 AI 为工作、生活、学习赋能的场景。

　　温馨提示：

　　本书提供的附赠资源读者可用微信扫描封底二维码，关注"博雅读书社"微信公众号，并输入本书 77 页的资源下载码，根据提示获取。

第 8 章　高效办公：办公助手类 GPTs 的创建
　　　　　与应用 120

第 9 章　电商社交新纪元：电商和社交媒体类
　　　　　GPTs 的创建与应用............................170

第 10 章 无限创意：短视频制作类 GPTs 的创建 与应用 192

第 11 章 GPTs 实用工具推荐：让生活更便捷的 智能助手.....................210

第 12 章　进阶 GPTs 教程——配置 Action 让 GPTs 联动其他外部应用 224

第 1 章

GPTs 探秘：什么是 GPTs?

OpenAI 是一家相对年轻的公司。从人工智能（AI）概念正式提出并广泛研究的历史脉络来看，它在 AI 领域的发展长河中确实只能算是一个"幼童"。与长期深耕此领域的竞争对手如 Google（谷歌）、Meta（前身为 Facebook）相比，OpenAI 是一个新兴势力。然而，正是这样一个新兴势力创造了举世瞩目的成绩。

1.1 什么是 GPTs

GPTs 是 OpenAI 在 2023 年 11 月的开发者大会上首次发布的一项功能。它允许用户根据自己的需求搭建和使用自己的专属 ChatGPT 实例，如翻译 GPTs、医学 GPTs、旅行攻略 GPTs 等。这些 GPTs 与普通 ChatGPT 相比，不用反复强调 ChatGPT 的角色和用途，因为它们已经针对特定任务进行了优化，如翻译、辅助诊断、制订旅行计划等。

在 OpenAI 发布 GPTs 之前，市面上已经存在一些类似的工具，如 Character.AI，它可以让 AI 扮演各种不同的角色，一旦用户选择某个角色并开始对话，AI 就会以那个角色预设好的风格与用户进行互动，如图 1-1 所示。

图 1-1　Character.AI 提供各类 AI 角色扮演

GPTs 的出现，为那些不知道如何充分发挥 ChatGPT 最大优势的用户提供了便利。他们可以直接使用其他用户搭建好的专属用途 GPTs，从而最大化地利用 ChatGPT 的功能。同时，那些已经学会应用 GPTs 的人，可以将他们与 ChatGPT 的互动以 GPTs 的形式公开给其他用户使用，并将其上架到 GPT Store，从而赚取一定的收益。

GPTs 的应用场景极为广泛，因为每个人使用 ChatGPT 的方式都各不相同。即使在同一行业，不同的个人或企业也可能会搭建不同的 GPTs 来专注于不同的方面。

例如，在律师行业中，一些律师可能会使用 GPTs 来专门处理离婚案件的诉状资料撰写；而另一些律师则可能使用 GPTs 来快速查询和分析民事诉讼案例。

在教育领域，GPTs 同样具有多种应用。英语老师可以利用 GPTs 生成辩论主题和正反方论点，以丰富课堂讨论；而语文老师则可以通过 GPTs 激发学生的创作灵感，如利用 GPTs 提供的故事开头让学生继续创作。

定制化 GPTs 可以让各行各业的从业人员根据自己的需求更方便、高效地利用 ChatGPT 的强大功能。

1.2 无所不能：GPTs 应用领域大揭秘

GPTs 可以在各种应用场景中发挥重要作用，如协助准备面试、优化简历、辅助语言学习、撰写营销文案、提供编程帮助，甚至给出医疗健康建议等。GPTs Hunter 非官方 GPT Store 所收录的目录分类和部分中文GPTs 如图 1-2 和图 1-3 所示。

图 1-2 GPTs Hunter 非官方 GPT Store 所收录的目录分类

图 1-3 GPTs Hunter 非官方 GPT Store 所收录的部分中文 GPTs

我们以语言学习和面试技巧两款 GPTs 为例，体验一下 GPTs 的功能。

汉语拼音 GPTs 能够帮助汉语学习者给中文句子添加拼音，从而便于初学者阅读和理解，如图 1-4 所示。

图 1-4　汉语拼音 GPTs

在对话框中输入，"Pinyin for 你吃饭了吗？"，汉语拼音 GPTs 就会提供这句话的拼音和音调标注，如图 1-5 所示。

图 1-5　汉语拼音 GPTs 增加拼音标注

面试大师 GPT-S 可以根据每个人的职业背景和经验提供面试模拟技巧，如图 1-6 所示。

图 1-6　面试大师 GPT-S

在对话框中，我们告诉"面试大师 GPT-S"自己想面试的岗位和相关经验后，"面试大师 GPT-S"会提供模拟问题，并且根据我们对这些问题的回答，再提供有针对性的建议。

GPTs 并不是万能的，它能提供财务规划建议或查询天气信息，但它无法像专业的记账软件或天气应用那样记录详尽的数据或提供预警服务。

尽管如此，GPTs 的出现无疑为 AI 在实际工作和生活中的应用开辟了更多可能性。

1.3 GPTs 与 ChatGPT 有什么区别?

GPTs 是根据特殊目的和场景创建的自定义 ChatGPT 版本。相较于 ChatGPT，GPTs 具有更高的定制性和针对性。通过预设提示词，我们可以定制适合不同领域的专属 ChatGPT。例如，心理医生 GPTs、数学老师 GPTs 或营销文案专家 GPTs 等。

GPTs 的角色定制：通过预设提示词模拟专家和角色

在日常使用 ChatGPT 时，为了获得相对准确和高质量的答案，我们需要为 ChatGPT 设定一个明确的角色。这是因为 ChatGPT 作为大型语言模型，在训练过程中接收了广泛的数据，无法自行判断答案的质量或适用性。因此，通过预设提示词，如"你是一个宠物用品行业的营销专家"，我们可以引导 ChatGPT 以特定角色的视角来回答问题，从而确保答案的针对性和准确性。

然而，在使用 ChatGPT 进行对话时，每次对话前都需要用户重新设定角色，这无疑增加了用户的操作复杂度。

GPTs 的出现解决了这一问题。通过创建 GPTs，我们可以提前设置好这些提示词，无须每次都在对话框中寻找旧对话或反复指导 ChatGPT 扮演不同的角色。

GPTs 的个性化学习：利用知识库定制内容和服务

自 ChatGPT 问世以来，开发人员一直在探索如何让它学习并运用特定资料，以提供更个性化的服务。

在 GPTs 推出之前，要让 ChatGPT 学习特定材料，通常需要开发人员通过 API 接口进行调整。这对普通用户来说是一个较大的障碍。

GPTs 的推出降低了这一技术门槛。用户现在可以简单地上传 Word、PDF 等格式的文件，让 GPTs 学习这些资料，从而提供更个性化的内容和服务。

GPTs 的共享与收益

每个 ChatGPT Plus 和企业用户都可以创建自己的 GPTs，并可选择将其共享给拥有链接的人或者发布到 OpenAI 的 GPT Store 中。GPT Store 类似于安卓的应用市场或苹果的 App Store，为用户提供了一个发现和使用 GPTs 的平台。此外，根据 GPTs 的使用次数和反馈，创建者还有机会获得收益。

综上所述，GPTs 不仅提高了 ChatGPT 的使用针对性和效率，还降低了技术门槛，使得普通用户也能轻松参与到 AI 应用开发中。无论是个人日常使用还是商业应用，GPTs 都开启了全新的可能性。

1.4 GPTs 是否可以替代小程序、App 应用？

GPTs 是无法替代现有的小程序和 App 应用的。

首先，我们来明确 GPTs 的核心特点。GPTs 是基于 ChatGPT 技术或平台所构建的工具或应用形式，因此 GPTs 的使用与 ChatGPT 平台紧密相关。与 App 和小程序相比，GPTs 通常不能脱离 ChatGPT 平台或相应的 AI 服务而单独运行。这意味着在没有访问 ChatGPT 服务的情况下，用户将无法使用 GPTs。相比之下，小程序和 App 作为独立的应用程序，可以直接在智能手机或其他设备上运行，无须依赖特定的 AI 平台。

然而，这也正是 GPTs 的独特优势。ChatGPT 及其衍生的 GPTs 所具备的 AI 能力，是普通小程序和 App 难以轻易实现的。在利用 ChatGPT 开发各类 GPTs 时，开发者可以更加专注于如何利用 AI 技术解决问题，而无须深入关注 AI 技术的底层逻辑。他们只需告诉 AI 如何回答用户的问题。

虽然 GPTs 的使用门槛对某些人来说可能仍然存在，但其搭建过程相对简单。拥有 ChatGPT 相关权限（如 ChatGPT Plus 账号）的用户可以在较短时间内搭建一个 GPTs，无须任何编程技能。相比之下，开发并发布一个小程序或 App 确实需要更长的时间，并且需要一定的编程知识。因此，对于那些有商业想法但不懂编程的人来说，GPTs 可能是一个更具吸引力的选择。

在功能和交互形式上，GPTs、小程序和 App 确实有所不同。GPTs 主要侧重于文字交互，并支持多种格式输入，如文本、图片等。然而，它们通常无法像 App 那样提供多样化的交互体验，如复杂的视觉呈现和操作。例如，高德地图可以根据我们的地理位置提供实时导航功能，而 GPTs 可能只能提供出行建议或路线规划，无法实时跟踪我们的地理位置。同样，抖音等短视频平台可以推送个性化内容，而 GPTs 则主要通过文字交流来提供信息。

另外，在互动的即时性方面，小程序和 App 通常可以通过推送通知等方式主动与用户互动，而 GPTs 则需要用户主动进入 GPTs 对话界面发起对话才能进行交流。这种互动方式的差异在某种程度上限制了 GPTs 在某些即时通信和提醒方面的应用潜力。

总的来说，GPTs 可能会成为未来 App 应用的一种新形态，并可能在一些领域取代轻量级的助手或工具类 App（如翻译助手、市场分析工具等）。然而，它目前仍无法完全取代小程序或 App，特别是在需要复杂交互和视觉呈现的应用场景中。未来，随着技术的不断进步，GPTs 可能会融合更多高级功能，例如更丰富的多媒体交互能力和更智能的个性化推荐系统,但其与小程序和 App 之间的共存和互利关系将持续存在。

1.5 GPT Store 介绍

ChatGPT Plus、Teams 用户单击 ChatGPT 官网主界面的"探索 GPTs"按钮就可以打开 GPT Store。单击 GPT Store 首页左上角的地球按钮,可以切换为全球或者所在区域热门 GPTs 推荐。在 GPT Store 首页的右上角可以切换到"我的 GPTs""创建 GPT"选项,如图 1-7 所示。

图 1-7　GPT Store 首页

在搜索框中,可以输入关键词搜索公开的 GPTs。输入关键词后,GPT Store 会显示相关的 GPTs,包括 GPTs 的名称、用途描述、创建者、对话次数、创建的时间等信息,如图 1-8 所示。

图 1-8　在 GPT Store 中输入关键词搜索公开的 GPTs

GPT Store 每周会更新 4 个精选的 GPTs 以及其他热门 GPTs，如图 1-9 所示。这些模型通常都是使用频率高、实用性强的 GPTs。例如，KAYAK-Flights, Hotels & Cars，可以链接到旅行资讯网站 KAYAK，为用户查找最新的航班、酒店和租车信息。而 Canva 的集成则允许用户在 ChatGPT 中通过指令生成图像，并将生成的图像及其文字内容直接导入图片设计工具 Canva 中，从而极大地节省设计的时间。

图 1-9　GPT Store 官方精选 GPTs

此外，GPT Store 将各类 GPTs 划分为了 7 大类，分别是 DALL·E 绘画类 GPTs，Writing 写作类 GPTs，Productivity 生产力类 GPTs，Research & Analysis 研究分析类 GPTs，Programming 编程类 GPTs，Education 教育类 GPTs，Lifestyle 生活类 GPTs。

DALL·E 绘画类 GPTs 囊括了各类专注于绘画应用的 GPTs。例如，Logo Creator 可以让 AI 根据需求自动生成 Logo；Cartoonize Yourself 则可以把照片变成皮克斯动画风格的图像，如图 1-10 所示。

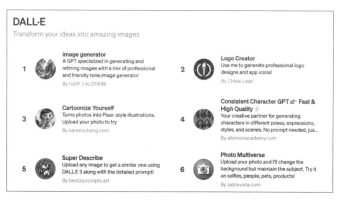

图 1-10　DALL·E 绘画类 GPTs

Writing 写作类 GPTs 可以根据不同的写作目的，为各种场景提供写作辅助。例如，Fully SEO Optimized Article including，FAQ's 助手可以帮助撰写 SEO 友好的营销文案；PowerPoint Presentation Maker by Slides GPT 助手能够高效地创建、编辑和预览 PPT 演示文稿，并支持导出为 PPT 格式，如图 1-11 所示。

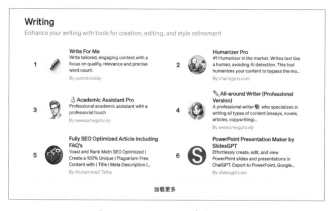

图 1-11　Writing 写作类 GPTs

Productivity 生产力类 GPTs 提供了各类办公场景下的 AI 助手。例如，Diagrams: Show Me 可以根据要求绘制流程图、组织架构图；AI PDF 可以将 PDF 文件上传给 ChatGPT，让 AI 来总结 PDF 内容；Video GPT by VEED 能够为社交媒体平台制作视频，如图 1-12 所示。

图 1-12　Productivity 生产力类 GPTs

Research & Analysis 研究分析类 GPTs 可以协助我们进行学术或数据类研究。例如，Consensus 和 ScholarAI 能够从学术库中收集科研论文；Finance Wizard 能够协助预测股市价格，如图 1-13 所示。

图 1-13　Research & Analysis 研究分析类 GPTs

Programming 编程类 GPTs 可以根据不同的需求撰写代码。例如，Grimoire 和 DesignerGPT 都能写网站代码；Screenshot To Code GPT 则可以根据用户上传的网站截图写出对应的网站布局代码，如图 1-14 所示。

图 1-14　Programming 编程类 GPTs

Education 教育类 GPTs 可以辅助各种学习场景。例如，CK-12 Flexi 和 Math Solver 都可以帮助解答数学问题，它们循循善诱地引导用户理解解题思路，而不是直接给出问题的答案；而 Video Summarizer 可以从 YouTube 视频中总结关键信息，如图 1-15 所示。

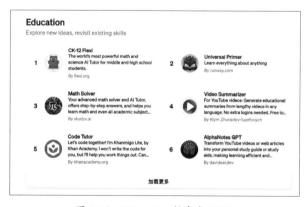

图 1-15　Education 教育类 GPTs

Lifestyle 生活类 GPTs 可以提供旅游、美食等方面的建议。例如，KAYAK-Flights, Hotels & Cars 可以为用户提供航班、酒店和汽车方面的服务，如图 1-16 所示。

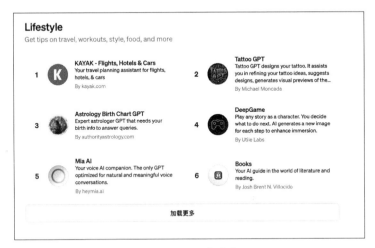

图 1-16　Lifestyle 生活类 GPTs

1.6　热门 GPTs 介绍

GPT Store 上线后，有几款 GPTs 一直稳居热门排行榜的前十名。本节将介绍其中 2 款热门的 GPTs——Canva、Logo Creator。

Canva：Canva 是一个在线平面设计作图软件，它提供了成千上万的设计模板，覆盖海报、简历、名片等多种图片设计场景，使得不会使用 PS 等复杂作图工具的人也能快速制作出专业的设计作品。Canva GPTs 是由作图工具 Canva 提供的，通过将 GPTs 与 Canva 连接，可以让 GPTs 接收指令后，在 Canva 中寻找适合需求的模板，并直接在 Canva 中完成设计。

用户可以用中文或者英文给 Canva 下指令，告诉它平面设计的主题、样式、文字、颜色等需求。这里请 Canva 制作一张关于耳环产品的促销海报，GPTs 会根据需求设计 3~5 张海报，如图 1-17 所示。

Each link will take you directly to Canva where you can edit and personalize the template. If these options don't quite match the color or theme you're envisioning, remember you can easily adjust those elements in Canva to create the perfect promotional poster for your earrings.

图 1-17 Canva 根据指令生成图片

选中一张满意的图片后，单击图片，便会自动跳转到 Canva 作图工具的界面，如图 1-18 所示。可以在作图工具界面再修改文字、图片或者直接导出图片设计。

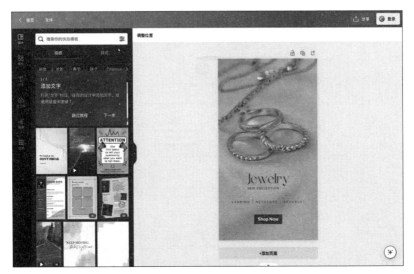

图 1-18　Canva 作图工具界面

Logo Creator：Logo Creator 利用了 GPTs 的绘图能力，能够根据用户需求提供定制化的 Logo 设计图。假设我们要求 Logo Creator 为一家甜品店制作一个黄色和粉色风格的卡通 Logo。Logo Creator 在接收到指令后，会与用户进行进一步的互动，询问关于 Logo 制作的四个相关问题，这些问题通常涉及整体风格的选择、简洁或复杂的程度偏好、颜色的具体搭配设计、所需的 Logo 数量。用户可以根据自己的需求进行回答，也可以选择 GPTs 提供的预设选项来简化选择过程。一旦用户回答完所有相关问题，GPTs 就会根据要求生成相应的 Logo 设计，如图 1-19 所示。

图 1-19　Logo Creator 根据要求生成甜品店 Logo

第 2 章

GPTs 功能特点介绍

2.1　GPTs 无代码定制：人人都是程序员

创建 GPTs 不需要任何编程知识，这就是所谓的"无代码"开发。

长期以来，我们普遍认为只有程序员或开发者才能开发各类软件应用。然而，懂得编程的人在全球人口中的占比不到 1%。

随着技术的不断进步，有越来越多的工具通过提供预设模板、所见即所得的编辑界面、简单拖拉曳的交互方式，使得不懂编程的人也能轻松创建应用。这意味着，即使没有编程经验，人们也可以利用这些工具构建网站或开发手机 App。

根据国际研究机构 Gartner 的预测，到 2025 年，大约 70% 的软件应用都会使用无代码或者低代码技术。

无代码开发相比传统由程序员编写代码的开发方式有以下优势。

1. 开发周期更短。传统的 App 开发通常需要三到六个月，甚至更长；而利用无代码工具，可能只要几个小时就能做出一个基础版的 App。

2. 成本大幅降低。雇用一个程序员每月至少需要花费一万多元；并且一个完整的软件上线，除了开发外，还涉及软件的产品设计、页面交互设计、测试等多个环节。无代码工具可以让一个人独立完成这些任务，显著减少开发成本。

3. 快速验证市场需求。无代码开发的 App 可以更快速地推向市场，让开发者用最简单的基础版本先验证市场中是否存在这些需求。

4. 易于调整。无代码工具提供了灵活拖曳的界面，可方便快捷地完成任何细微的调整。

　　国外主流的无代码应用搭建工具有 Bubble、Glide、Stacker、Webflow 等，国内的无代码工具则有 Zion、明道云等，如图 2-1 所示。

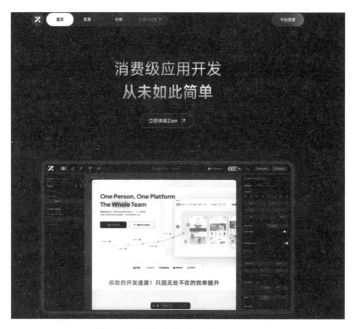

图 2-1　国内无代码工具——Zion

　　虽然这些无代码工具降低了开发门槛，但仍需用户花费一定时间和精力去熟悉和掌握。

　　相比之下，基于 GPTs 的应用开发方式提供了更加低门槛的选项。用户无须掌握编程技能，只需像与 ChatGPT 对话一样，向 AI 说明想要创建的 GPTs 应用类型，即可在几分钟内完成基础搭建。

　　尽管目前 GPTs 的应用在功能和交互上与手机 App、小程序相比仍有一些差距，但相信随着 AI 技术的不断进步，编程将不再是限制每个普通人创建 App 的障碍。在开发过程中，更重要的是找到 App 的目标使用者和使用场景。

2.2 / 私密共享随心所欲：GPTs 的双重魅力

GPTs 有三种共享方式：仅我自己、只有拥有链接的人、公开，如图 2-2 所示。

仅我自己。这种方式也被称为私有模式，即只有创建者本人可以用这个 GPTs，其他任何用户都无法使用这个 GPTs。这种模式适用于上传给 GPTs 的参考资料包含私密或敏感信息，或者 GPTs 主要作为个人辅助工具的情况。例如，我们可以把家人的饮食习惯、家务安排等作为参考资料上传给 GPTs，创建一个家庭助手 GPTs，用于提供食谱建议和家务清单。由于这类 GPTs 可能包含个人隐私信息，因此更适合私人使用，如图 2-3 所示。

图 2-2　GPTs 的三种共享方式　　　图 2-3　家庭助手 GPTs

只有拥有链接的人。这种方式适用于在团队或小型社区内部共享 GPTs。只有拥有链接的用户才能访问该 GPTs，但它不会出现在官方商店中。例如，如果有一个 GPTs 项目助手，那么持有链接的团队成员都可以使用这款 GPTs 来处理报告、整理会议纪要或者制订工作计划。

公开。如果开发的 GPTs 不涉及个人隐私或敏感信息的上传，那么可以选择将其公开给所有人使用。这样做不仅可以获得经济收益，还可以提升开发者的知名度。然而，在公开 GPTs 时，务必确保不将隐私信息（如姓名、电话号码、电子邮箱等）上传给 GPTs，我的 GPT 页面如图 2-4 所示。

图 2-4　我的 GPT 页面

另外，无论是链接分享还是公开给所有人使用，GPTs 的开发者都无法获取使用者的个人信息，也无法查看使用者与 GPTs 的对话记录。开发者只能在后台看到 GPTs 的对话次数统计，如图 2-5 所示。

图 2-5　公开的 GPTs 的对话次数

这些多样化的共享方式为 GPTs 的应用提供了极大的灵活性，能够满足不同用户群体的需求。无论是私人定制的家庭助手、团队内部的项目管理工具，还是面向公众的通用 GPTs 服务，用户都能找到适合自己的解决方案。

2.3 联网 / 代码解释器 / 画图功能介绍

GPTs 有多种功能，包括画画、格式转换、数据分析等。这些扩展能力主要源于 ChatGPT Plus 中的 GPT-4 模型，该模型支持多种交互形式，如识别图片、处理 CSV/Excel 文件，以及生成绘图。在创建 GPTs 时，开发者可以选择为其赋予特定的功能，GPTs 的三种功能如图 2-6 所示。

图 2-6　GPTs 的三种功能

Web Browsing（联网）

我们常说 ChatGPT 是"断网的"，意味着它无法直接获取世界上最新发生的信息。但 ChatGPT Plus 中的 GPT-4 模型内嵌了联网的功能，允许 GPT-4 通过搜索引擎（如必应）来联网查找并引用最新的信息。

目前，免费的 ChatGPT 3.5 版本不支持联网功能，其训练数据主要基于 2022 年 1 月及之前的信息。因此，当我们向 ChatGPT 3.5 版本询问关于 2022 年 1 月以后发生的事情时，它可能无法提供准确的答案。例如，它可能不知道 2022 年国际足联世界杯的冠军是谁，因为这个事件发生在它训练数据的时间范围之后，如图 2-7 所示。

然而，GPT-4 也就是付费版本 ChatGPT Plus 已经进行了更新，其知识库包含了截至 2023 年 4 月的更多信息。因此，GPT-4 能够正确回答关于 2022 年国际足联世界杯冠军的问题，如图 2-8 所示。

图 2-7 免费的 ChatGPT 3.5 不联网，
知识停留在 2022 年 1 月

图 2-8 付费的 ChatGPT 4 回答正确

但是对于 2023 年 4 月之后的
事情，如果在不联网的情况下，即
使是付费的 ChatGPT 4 也可能回答
不上来。例如，ChatGPT 4 只知道
GPT 模型，不知道 GPTs，如图 2-9
所示。

图 2-9 付费的 ChatGPT 4 只知道 GPT
模型，不知道 GPTs

我们可以通过指令让 ChatGPT 4 联网搜索最新的信息，再回复我
们，这样就相当于为 ChatGPT 4 "通网"了，如图 2-10 所示。

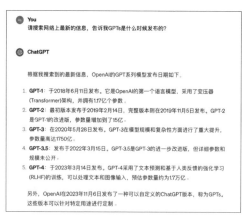

图 2-10 让 ChatGPT 4 联网搜索最新的消息

我们也可以为 ChatGPT 启用联网功能，让其通过搜索引擎获取最新信息。但需要注意的是，并不是每一次 ChatGPT 的回复都会先搜索网络最新信息，需要通过指令明确地告诉 ChatGPT 什么时候应该联网搜索信息，如图 2-11 所示。

Step 1: Use the 'browser' tool to search for current information on the assigned topic.
Step 2: Think of whose style would be fit with the video
Step 3: Draft the video with the content and learn from the style of the knowledge
Step 4: Adjust the script and see if there's anything else need to be added or researched.

图 2-11　在 ChatGPT 的配置指令中可以明确告诉它需要使用联网功能搜索信息

联网功能在搭建各类 GPTs 进行市场分析、翻译等任务时非常有用，因为它允许 GPTs 先联网搜索最新的信息。例如，OpenAI 官方推出的具有联网功能的 GPTs（如 Web Browser）。只要告诉它我们需要查找的信息，它就会联网查询最新的内容，并回复我们，如图 2-12 所示。

Web Browser
I can browse the web to help you gather
information or conduct research
By ChatGPT

图 2-12　ChatGPT 推出的 Web Browser

DALL·E Image Generation（DALL·E 图像生成）

GPTs 的绘画能力来自 GPT-4 模型，而 GPT-4 模型则对接了同属 OpenAI 公司的 DALL·E 的绘画能力。DALL·E 是一个 AI 绘画模型。它能通过文字描述来生成图像。DALL·E 3 官网首页如图 2-13 所示。

图 2-13 DALL·E 3 官网首页

以 OpenAI 官方推出的绘画类 GPTs——Coloring Book Hero 为例，它能够根据用户的文字描述、想法生成简单的黑白图像，如图 2-14 所示。

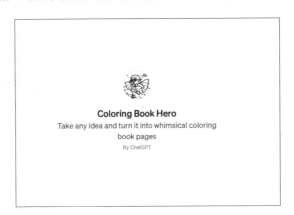

图 2-14 Coloring Book Hero

我们只需在对话框中告诉 Coloring Book Hero 一个形象，如"森林中的小狐狸"，它就会画出一个可爱而简约风格的狐狸，如图 2-15 所示。这样的图片非常适合儿童进行填色和创意发挥。

图 2-15　Coloring Book Hero 根据文字描述输出图片

因此，我们可以充分利用 GPTs 的绘画能力，打造各类具有绘画功能的 GPTs。

Code Interpreter（代码解释器）

代码解释器顾名思义可以帮助我们生成或解释代码。

Code Intepreter 是一个综合性的信息处理工具，它不仅能够帮助我们生成或解释代码，还具备阅读 PDF 文档、分析 Excel/CSV 数据等额外能力。

我们也可以让 Code Interpreter 分析 Excel 数据，如图 2-16 所示。

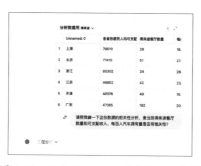

图 2-16　Code Interpreter 分析 Excel 数据

我们也可以利用 Code Interpreter 功能，让 ChatGPT 把信息保存成 Excel/CSV 文件供我们下载。

针对数据分析、文件识别等需求，可以利用 Code Interpreter 功能让 GPTs 变成一个强大的办公辅助工具。

2.4 GPTs 进化论：智能学习参考资料

GPTs 与 ChatGPT 的一个很大的区别就是它支持以用户上传文件作为参考资料，这样 GPTs 每次在生成回复前都会对参考资料进行学习。

GPTs 学习参考资料后，可以更准确地模仿和学习资料中的写作风格、从参考资料中找寻相似信息、在参考资料中获取更准确的专业术语等。

模仿风格：我们可以将爆款文案、爆款视频脚本等作为参考资料上传给 GPTs，并且让 GPTs 在每次输出回复前学习这些资料中的风格，从而生成具有相似风格的内容。

提取信息：把网络上公开可用的内容，如个人整理并分享的关于积极心理学的知识，上传给 GPTs 作为参考资料，搭建一个基于积极心理学知识的 GPTs。每次用户提问时，GPTs 将从收集整理好的资料里提取相关信息来回复用户。

专业术语：如果想要打造翻译用的 GPTs，可以整理一些行业专业术语并发送给 GPTs。这样 GPTs 每次在进行翻译前，会先参考上传的专业术语再开始工作，从而在一定程度上提高翻译的准确性。

例如，我们希望创建小红书爆款文案 GPTs，就可以先收集爆款文案的标题、正文案例作为参考资料上传给 GPTs，让 GPTs 去学习这些爆款文案的写作风格，如图 2-17 所示。

图 2-17　将收集到的参考资料上传给 GPTs

这样我们每次让 GPTs 帮忙创作内容时，它就可以先从参考资料中学习风格，再进行创作，如图 2-18 所示。

图 2-18　GPTs 在生成回答前会先搜索知识库中的参考资料进行学习

关于将参考资料上传给 GPTs 的具体操作方法，我们将在后面章节中进行讲解。

2.5　GPTs 与 Action 功能：智能助手跨越聊天界面，连接外部应用

ChatGPT 似乎只能在聊天界面内完成任务，无法实现像发送邮件、创建待办事项这样的跨平台功能。然而，GPTs 中的 Action 功能打破了这一局限。Action 功能允许 GPTs 与外部应用连接，使其成为更智能的个人和办公助手。

例如，通过使用邮件助手 GPTs，就可以在草拟邮件回复后直接将邮件发送给客户。这样，我们就无须登录邮箱手动复制粘贴邮件内容，极大地提高了工作效率。这种功能不仅拓展了 GPTs 的应用范围，还使其从单纯的文本生成工具转变为多任务执行助手，如图 2-19 所示。

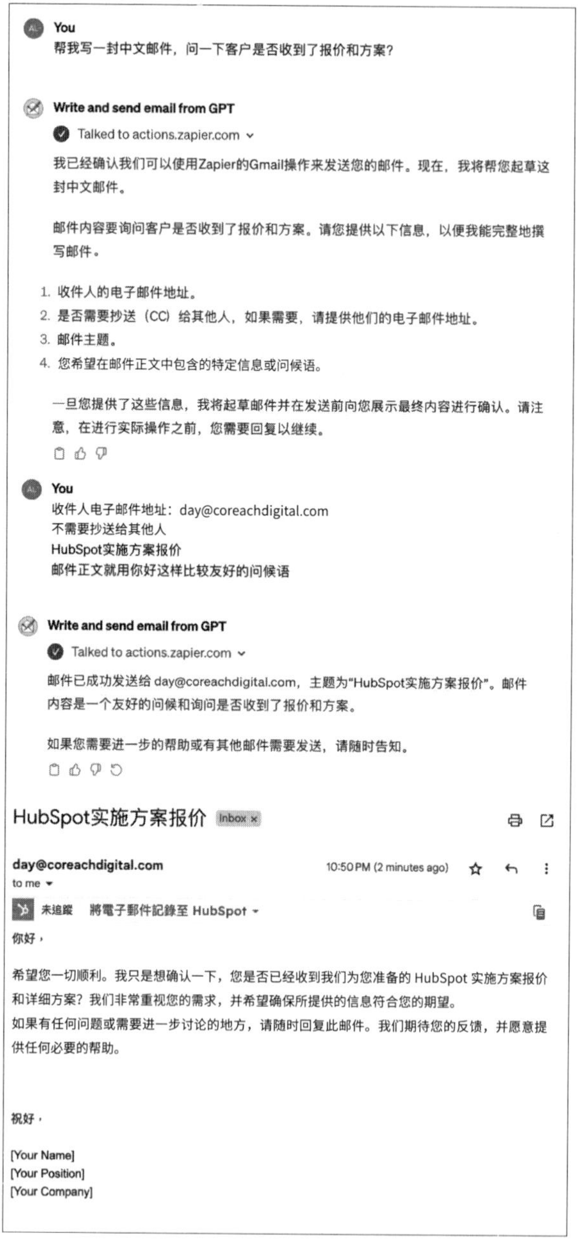

You

帮我写一封中文邮件，问一下客户是否收到了报价和方案？

Write and send email from GPT

✅ Talked to actions.zapier.com ⌄

我已经确认我们可以使用Zapier的Gmail操作来发送您的邮件。现在，我将帮您起草这封中文邮件。

邮件内容要询问客户是否收到了报价和方案。请您提供以下信息，以便我能完整地撰写邮件。

1. 收件人的电子邮件地址。
2. 是否需要抄送（CC）给其他人，如果需要，请提供他们的电子邮件地址。
3. 邮件主题。
4. 您希望在邮件正文中包含的特定信息或问候语。

一旦您提供了这些信息，我将起草邮件并在发送前向您展示最终内容进行确认。请注意，在进行实际操作之前，您需要回复以继续。

You

收件人电子邮件地址：day@coreachdigital.com
不需要抄送给其他人
HubSpot实施方案报价
邮件正文就用你好这样比较友好的问候语

Write and send email from GPT

✅ Talked to actions.zapier.com ⌄

邮件已成功发送给 day@coreachdigital.com，主题为"HubSpot实施方案报价"。邮件内容是一个友好的问候和询问是否收到了报价和方案。

如果您需要进一步的帮助或有其他邮件需要发送，请随时告知。

HubSpot实施方案报价 Inbox ×   🖨 ☐

day@coreachdigital.com   10:50 PM (2 minutes ago) ☆ ↩ ⋮
to me ▾

🔸 未追蹤   將電子郵件記錄至 HubSpot ▾   ☐

你好，

希望您一切顺利。我只是想确认一下，您是否已经收到我们为您准备的 HubSpot 实施方案报价和详细方案？我们非常重视您的需求，并希望确保所提供的信息符合您的期望。
如果有任何问题或需要进一步讨论的地方，请随时回复此邮件。我们期待您的反馈，并愿意提供任何必要的帮助。

祝好，

[Your Name]
[Your Position]
[Your Company]

图 2-19　通过邮件助手 GPTs 直接发送邮件

各种 GPTs 还可以结合起来使用。例如，通过结合 Code Interpreter 和 GPT-4 的功能，可以分析 PDF 中的发票信息，识别金额后，利用 Action 功能自动将数据分类并整理成 Excel 或 Google 表格。这种整合使得 GPTs 不仅能够生成内容，还能执行具体的数据处理任务，真正实现了办公自动化。

第 3 章

GPTs 诞生记：如何创建你的第一个 GPTs

3.1 访问 GPTs 界面

目前，GPTs 的创建仅限于付费版账号，如 ChatGPT Plus 账号和 ChatGPT 企业版。ChatGPT Plus 是 ChatGPT 的一个付费订阅服务，提供了额外的功能和访问权限。以 ChatGPT Plus 账号为例，有以下两种方式可以访问 GPTs 界面。

一种是通过头像访问。登录 ChatGPT Plus 账号后，单击左下角的头像名字，然后单击"My GPTs"，即可进入 GPTs 界面，如图 3-1 所示。

另一种是通过左侧边栏访问。在左侧边栏中单击"Explore"，同样可以跳转到 GPTs 界面，如图 3-2 所示。

图 3-1　单击"My GPTs"　　　　图 3-2　在左侧边栏单击"Explore"跳
跳转至 GPTs 页面　　　　　　　转至 GPTs 页面

接下来，介绍一下 GPTs 界面。GPTs 界面主要分为三部分。

1."My GPTs"：这里展示了你自己创建好的 GPTs。页面顶部有一个"Create a GPT"按钮，单击它后就可以开始创建 GPTs。下方则展示了你已经创建的所有 GPTs，如图 3-3 所示。

图 3-3 "My GPTs"界面

2. Recently Used：此部分展示了你最近常用的 GPTs，如图 3-4 所示。

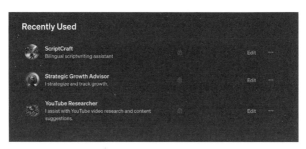

图 3-4 最近常用的 GPTs

3. Made by OpenAI：此部分包含 16 个由 OpenAI 提供的 GPTs。单击"Load more"可加载全部的 GPTs。直接单击某个 GPTs 的头像或名称，即可开始使用，如图 3-5 所示。

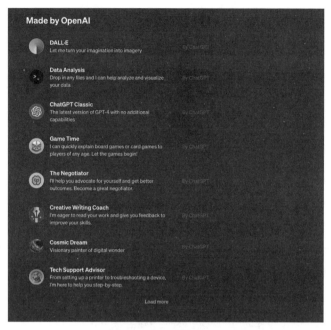

图 3-5　OpenAI 提供的 GPTs

此外，常用的 GPTs 也会出现在左侧边栏。如果觉得左侧边栏中的 GPTs 数量太多，你也可以单击三个小点，选择"Hide from sidebar（在侧边栏中隐藏）"来隐藏它们，如图 3-6 所示。

图 3-6　在侧边栏中隐藏 GPTs

3.2　如何在 ChatGPT 界面与 GPTs 对话？

在 ChatGPT 中，你可以通过以下方式与 GPTs 进行对话。

1. 单击 GPTs：在 GPTs 界面，单击任意 GPTs 即可开始一段新对话，如图 3-7 所示。

2.通过左侧边栏开始新对话：在左侧边栏中单击小画笔图标，然后单击"New chat"，即可开始新对话，如图 3-8 所示。

图 3-7　单击任意 GPTs 开始新对话　　图 3-8　单击"New chat"开始新对话

3.对话和互动：使用 GPTs 时，对话过程与 ChatGPT 类似。你可以在输入框中填写问题或指令，GPTs 会根据你的输入提供响应。如果该 GPTs 配备了代码解释器能力，也可以上传 CSV、PDF 或 Word 文件。GPTs 能够理解这些上传的文件内容并帮助你解析数据、识别图片文字、根据文档内容生成相关回应和总结等。

此外，每个 GPTs 都有预设的建议提问，如果你不确定如何与 GPTs 互动，可以使用预设提问进行互动，如图 3-9 所示。

图 3-9　单击预设提问开始对话

4.聊天记录管理：与 GPTs 的聊天记录会保存在左侧历史中，但目前无法在 GPTs 界面内直接检索。要查看特定 GPTs 的聊天记录，需要在左侧聊天历史记录中手动查找。

3.3 思考 GPTs 的用途与场景，让智能助手更懂你

自从 GPTs 功能发布以来，开发者已经开发了上百万个 GPTs。每个人的需求都不一样，即使两个人从事相同的职业，他们的 AI 使用场景也可能不完全一致，因此可能需要不同的 GPTs 来帮助其完成工作任务。

在创建 GPTs 之前，我们不妨问自己几个问题。

1. GPTs 的使用对象是谁？

GPTs 有三种共享的方式：仅我自己、只有拥有链接的人、公开。不同的共享权限决定了我们指令的写法和参考文件的公开程度。如果是想创建个人助手 GPTs，可以把个人整理的资料尽可能详尽地提供给 GPTs。但如果是公开分享的 GPTs，则不建议上传个人的资料或者不适合对外公开的资料。

2. GPTs 需要解决的具体问题是什么？

GPTs 是为特殊用途和场景打造的自定义 ChatGPT。如果是琐碎的、一次性的任务，并不需要专门搭建 GPTs，直接在 ChatGPT 界面或其他通用 AI 界面提问就行。但如果这是一个经常性的任务，又或者你希望将平时使用 ChatGPT 的经验分享给团队、他人，那搭建一个 GPTs 是更好的选择。

GPTs 具体需要解决的问题是什么呢？例如，法律文书 GPTs 可以专门处理法律文书的格式审核，为律师提供初步的文档格式检查服务。写作辅助 GPTs 根据具体的用途，也可以分成好几种类别，包括专门找写作相关资料的 GPTs、改错别字和语法问题的 GPTs、润色文字的 GPTs。

3. GPTs 应该具备哪些功能？

明确了需要 GPTs 解决的问题后，我们还应思考该 GPTs 应该具备哪些功能。这一步对于打造出真正符合用户需求的 GPTs 至关重要。

以旅行规划助手 GPTs 为例，除了能够生成详尽的旅行攻略，用户可能还希望将这些信息以便于查阅和分享的格式保存下来。在这种情况

下，代码解释器功能必不可少，它能够轻松地将旅行攻略转换为 Excel 或 CSV 文件格式，便于用户下载、编辑和分享。

此外，如果需要创建能够根据用户描述生成图像的 GPTs，那么启用 DALL·E 图像生成功能就显得尤为重要。

在选择 GPTs 功能时，还需要考虑用户操作的便捷性。例如，对于旅行规划助手 GPTs，可以进一步考虑加入联网搜索功能，使其能够实时获取最新的旅游信息、天气预报等，为用户提供更加全面和及时的旅行建议。这种功能的加入不仅可以使 GPTs 生成的旅行攻略更加准确和实用，还能够提升用户体验。

总之，明确 GPTs 的功能及其要解决的具体问题是成功构建 GPTs 的第一步。在此基础上，合理选择和配置 GPTs 的功能不仅可以确保 GPTs 高效地解决用户问题，还可以在用户体验和互动多样性上有所突破，从而制作出真正有价值和吸引力的 GPTs 应用。

3.4　GPTs 配置界面详解

GPTs 配置界面分为左右两侧。其中，左侧是"通过对话配置 GPTs 界面"，右侧是"GPTs 预览界面"。配置完成后可以单击界面右上角的"创建"按钮，如图 3-10 所示。

图 3-10　GPTs 配置界面

左侧的"通过对话配置 GPTs 界面"通过发送消息对话来修改 GPTs，右侧的"GPTs 预览界面"则可以模拟实际用户向 GPTs 提问。左右分屏的设置可以帮助我们在搭建 GPTs 时及时调整 GPTs，并实时预览 GPTs 的效果，而不必等到发布了之后才能看到真实效果。

除了通过对话配置 GPTs 外，也可以手动进行调整。单击"Configure"按钮，即可切换到手动配置界面，然后手动调整 GPTs 的名称、描述、指令、预设提问。即使切换到"手动配置 GPTs 界面"后，右侧仍旧会保留"GPTs 预览界面"，如图 3-11 所示。

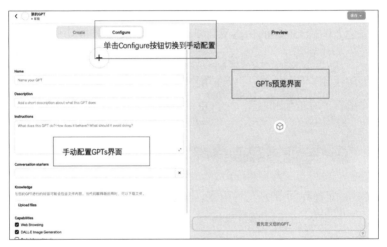

图 3-11　手动配置 GPTs 界面

3.5　通过对话创建 GPTs

这里我们通过对话的形式，创建一个运动健身教练。

打开 GPTs 的创建界面，在屏幕左侧"发送消息给 GPT Builder"处输入我们的需求。GPT Builder 是 OpenAI 提供的创建 GPTs 的助手，它可以根据我们输入的文字指令，帮我们自动配置好 GPTs。

在输入指令时，我们可以参考官方提供的指令，告诉 GPT Builder 希望 GPTs 扮演的角色以及需要执行的具体工作任务。例如，制作一个写代码的工程师助手以帮助检查代码格式，或创建一个创意平面设计师以帮助制作新产品所需的图片。

这里我们在对话框中输入"制作一个健康减脂运动教练"，如图 3-12 所示。

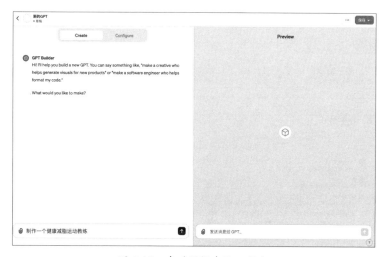

图 3-12　在对话框中输入指令

GPT Builder 接收到指令后，会自动更新并创建 GPTs。只需要等待 10~20 秒，一个基础的 GPTs 就会被配置完成。右侧预览界面也会出现 GPTs 的预设提问与 GPTs 的名称和描述，如图 3-13 所示。

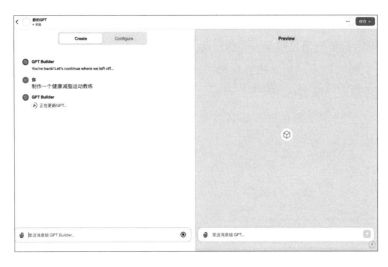

图 3-13　GPT Builder 自动创建"健康减脂运动教练"

　　如果 GPT Builder 没有自动生成 GPTs 头像，我们可以在对话框中要求它生成相应的图像并更新到 GPTs 界面。GPT Builder 会调用 DALL·E 图像生成功能生成由 AI 制作的 GPTs 头像。当头像创作完成后，也会自动更新到右侧预览界面，如图 3-14 所示。

图 3-14　GPT Builder 自动为 GPTs 创建并更新头像

这样，基础的 GPTs 就制作好了。这个 GPTs 的名称为"健康减脂运动教练"，其描述为"专业健康减脂运动指导"，同时在预设提问处也设置了一些常见的提问，如"我应该怎么吃才能减脂""制订个人运动计划"等。

3.6 通过对话调整优化 GPTs

如果想对 GPTs 的名称、描述、规则、预设提问等进行调整，也可以在 GPT Builder 对话界面中完成。

在对话界面，我们请 GPT Builder 适当调整优化"健康减脂运动教练"，让它在每次回复用户前，先与用户确认健康目标和目前的身体状况，从而根据每个用户的不同情况生成更加个性化的运动方案和指导，如图 3-15 所示。

图 3-15　GPT Builder 根据要求优化 GPTs

图 3-15 GPT Builder 根据要求优化 GPTs（续）

此外，我们也可以要求 GPT Builder 对预设提问进行调整使其更加注重运动、减重和减脂，并且以第一人称来进行提问。这可以让用户更加直观地知道该如何与 GPTs 进行互动。GPT Builder 更新了预设提问后，右侧的预览界面中的提问也会自动更新，调整成第一人称形式。

同样，头像也可以在 GPT Builder 聊天界面中进行调整，如图 3-16 所示。

图 3-16　GPT Builder 根据要求调整 GPTs 头像

3.7　GPTs 功能升级：联网、计算、画图全能选手

在第二章中我们介绍了 GPTs 的联网、代码解释器、画图等功能。在进行 GPTs 配置时，GPT Builder 会默认勾选"Web Browsing"和"DALL·E Image Generation"功能，而"Code Interpreter"默认是不勾选的状态，如图 3-17 所示。

图 3-17　GPTs 默认勾选联网和画图功能

如果我们希望"健康减脂运动教练"可以把一周内每日的食谱、运动计划保存到 Excel 中供用户下载，则需要用到代码解释器功能。代码解释器可以创建各类格式的文档。

在 GPTs 创建界面，从"Create（创建）"切换到"Configure（配置）"界面，勾选代码解释器就可以，如图 3-18 所示。

图 3-18　在"Configure"界面勾选代码解释器

勾选完成后，返回"GPT Builder"聊天界面，我们可以要求"健康减脂运动教练"根据用户要求，把运动健身方案、减脂菜谱按照 Excel 或者 CSV 的格式提供给用户下载，如图 3-19 所示。

图 3-19　在 GPT Builder 界面要求它输出 Excel、CSV 格式的文件

3.8 实操演示：如何让 GPTs 学习上传的参考资料

GPTs 本身借助的是 ChatGPT 的功能，但我们也可以把手头专业的资料发送给 GPTs，让它进行学习并且在面对用户提问时适当引用学习资料来回答用户。

这里我们把一份提前收集的"动态拉伸指南"上传给"健康减脂运动教练"让它进行学习。GPTs 支持上传的参考资料格式有 TXT、DOC、

PDF、CSV 和 XLSX。一类 GPTs 最多支持上传 10 个文件，每个文件的大小限制为 512MB。

把参考资料上传给 GPTs 的方式有两种。

一种方式是在"Configure"界面，单击"Upload files"按钮上传参考资料，如图 3-20 所示。

图 3-20 "Configure"界面上传参考资料

另一种方式是在聊天界面请 GPT Builder 上传参考资料，并且告诉 GPTs 在必要时需要查看这份参考资料来回答用户，如图 3-21 所示。

当我们把文件上传给 GPTs 作为参考后，再询问动态拉伸运动姿势的相关信息，GPTs 就会优先从参考资料中提取合适的内容并进行回复。

图 3-21 请 GPT Builder 上传参考资料

3.9 / 测试预览 GPTs

等配置完成后，我们可以在右侧预览界面测试 GPTs。在右侧预览界面与 GPTs 的对话和用户实际使用 GPTs 的效果是完全一致的。

可以单击某个预设提问，如 "帮我制订一个减重 10 公斤的运动计划"，直接开始与 "健康减脂运动教练" 进行对话，如图 3-22 所示。

图 3-22　单击某个预设提问并发送，与 GPTs 开始测试对话

前面我们通过对话调整优化 GPTs，让它在每次生成回复前询问用户的相关信息，从而提供更加准确的健身建议。在预览界面发送提问后，GPTs 根据我们的要求询问了用户 6 个有关身体状况和运动计划偏好的问题，如图 3-23 所示。

图 3-23　GPTs 根据要求先询问用户相关信息再提供回答

　　除了预设提问外，我们也可以在预览界面自行发问，测试 GPTs 的效果。就像平时与 ChatGPT 对话一样，在预览界面输入问题，直接单击发送即可，如图 3-24 所示。

图 3-24　直接在对话框中输入问题测试 GPTs 效果

　　GPTs 在预览界面也会根据不同的问题提供相应的回答，如图 3-25 所示。

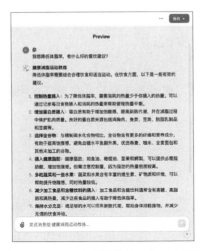

图 3-25　GPTs 在预览界面回答用户提问

3.10 惊艳亮相：如何发布 GPTs

全部完成配置和测试后就可以发布 GPTs 了。单击右上角的"保存"按钮，可以看见三种分享方式，分别是"仅我自己""只有拥有链接的人""公开"，如图 3-26 所示。

图 3-26　GPTs 的三种分享方式

选择"仅我自己"，则只有自己的 ChatGPT 账号才可以使用这款GPTs；选择"只有拥有链接的人"，则可以把这款 GPTs 的链接分享给他人，其他 ChatGPT 用户单击链接就可以使用。若希望将此 GPTs 公开发布在 GPT Store，则需要做用户身份验证。

验证方式有两种：一种是通过验证网站域名，另一种是通过补充 ChatGPT Plus 的付费账单信息。

第一种方式是通过验证网站域名，回到 ChatGPT 的对话界面，单击头像名字后，找到"构建者简介"，单击"验证新域名"，如图 3-27 所示。

图 3-27　验证网站域名

将 ChatGPT 提供的 TXT 记录添加到 DNS 提供商界面。添加完成后，单击"检查"按钮即可，如图 3-28 所示。

图 3-28　获取 TXT 记录添加到 DNS 提供商界面中

第二种方式则是在 ChatGPT Plus 的账单界面，补充齐账单信息，如公司名、账单地址、账单邮箱等，如图 3-29 所示。

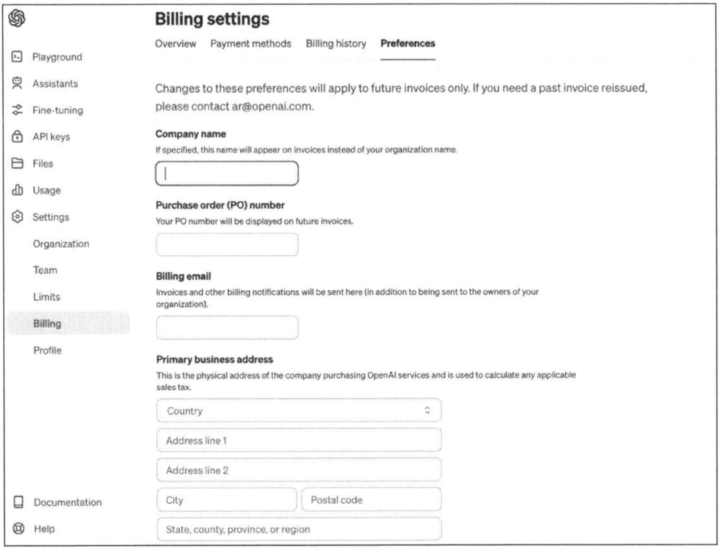

图 3-29　在 ChatGPT Plus 账单界面补充账单信息

验证成功后，返回 GPTs 界面，单击"公开"按钮后，选择 GPTs 类别，在 GPT Store 正式上架 GPTs，如图 3-30 所示。

图 3-30　在 GPT Store 正式上架 GPTs

3.11 如何在 ChatGPT 界面使用 GPTs？

保存并成功发布 GPTs 后，单击"查看 GPT"，就可以与这个刚创建好的 GPTs 进行对话了，如图 3-31 所示。

图 3-31　发布完成后单击"查看 GPT"即可使用 GPTs

与使用 ChatGPT 相似，在对话框中直接提问，如请"健康减脂运动教练"提供一些适合初级者的减脂运动建议，GPTs 就会扮演教练角色，生成相应的建议，如图 3-32 所示。

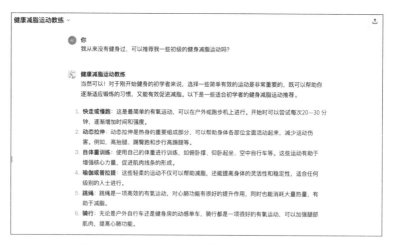

图 3-32　"健康减脂运动教练"GPTs 对话界面

第 4 章

让你的 GPTs 脱颖而出——指令使用技巧

4.1 什么是指令？

在第三章中我们介绍了通过对话让 GPT Builder 理解我们的意图，为我们创建 GPTs。除了对话外，还有一种方式可以配置 GPTs，那就是把指令手动输入 GPTs 中的"Configure"界面中。

指令配置指的是在 GPTs 的"Configure"界面中，把我们希望让 GPTs 完成的任务，通过文字描述的形式输入指令对话框中来完成 GPTs 的配置，如图 4-1 所示。

图 4-1 "Configure"界面的指令

如果是对话让 GPT Builder 配置 GPTs，会由 GPT Builder 将指令自动填充到配置界面。以前面的"健康减脂运动教练"为例，在告诉 GPT Builder 创建一个帮助用户提供健康减脂指导的运动健身教练后，它会自行填充好指令内容。

如果想要修改指令内容，可以直接在指令对话框中进行，就像在 Word 文档中编辑文字一样。

指令太短，无法让 GPTs 很好地理解我们的意图；而指令过长，则会出现 GPTs 在执行任务的时候，只记住了前面的指令而忘了后面的指令。

4.2 GPTs 中的指令是什么？

GPTs 中的"指令"是一个关键概念，用于在配置模型时指定其行为和输出格式。GPTs 中的指令只有在配置 GPTs 时才会出现，它只对每一个单独配置的 GPTs 生效。正是由于指令的存在，我们可以将 ChatGPT 或类似模型定制化为具有特定功能和用途的 GPTs。

以"健康减脂运动教练"为例，虽然我们可以使用相同的名称、描述、预设提问和知识库来创建两个 GPTs，但是通过对指令的修改，我们可以实现不同的功能。例如，我们可以删除原指令中要求 GPTs 对用户基础信息的询问，以及对输出内容格式的严格要求，转而让 GPTs 提供建议，并优先从知识库中查询参考资料，如图 4-2 所示。

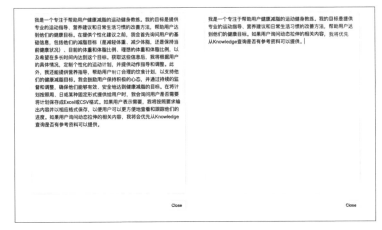

图 4-2 "健康减脂运动教练"完整版和精简版指令

即使这两个 GPTs 的名称、用途和应用场景都相同，但由于对指令进行了调整，当用户询问同样的问题时，这两个 GPTs 也会给出不同的回答。完整版健康减脂运动教练，在回答用户之前，会先通过指令设定的逻辑询问用户当前的身体状况和健康目标，以便提供更个性化的建议。而精简版的健康减脂运动教练，则根据简化的指令直接回答用户的问题，不再进行额外的信息询问，如图 4-3 所示。

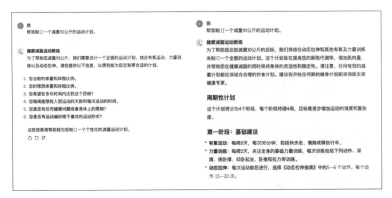

图 4-3 左图为完整版健康减脂运动教练的回答，右图为精简版健康减脂运动教练的回答

GPTs 中的指令针对的是每一类 GPTs 中的设置，主要由 GPTs 开发者或创建者使用。这些指令决定了模型的行为、输出格式以及如何处理输入信息。

4.3 指令使用技巧公式

GPTs 的指令书写可以套用以下公式。

角色 + 任务 + 规则 + 步骤 + 格式

角色是指需要 GPTs 扮演的身份。例如，请 GPTs 扮演一个健身教练或画家。只有给 GPTs 限定了角色之后，它才可以以这个身份为我们生成定制的、符合要求的回答。

任务是指 GPTs 需要做的事情，输出的回答是什么。例如，请 GPTs 扮演一个旅行规划师，它的任务是为人们制订详细的行程计划；请 GPTs 扮演一个法律文书助手，它的任务是帮助律师检查文书是否有格式错误。即使是同一个行业、同一个角色，GPTs 的任务也并不会完全相同。

规则是指 GPTs 在执行任务时应当注意的事项。例如，请 GPTs 扮演一个数学老师帮忙检查批改孩子的作业时，需要告诉 GPTs 不要把正确答案直接告诉学生，而是应该引导学生发现解题过程中可能存在的错误。

步骤是指 GPTs 在输出回答的时候需要遵循的先后顺序。例如，在做旅行规划的时候，应当先制定整体的路线，再规划不同地点之间的行程、每日的景点、每日的餐饮和住宿。当给 GPTs 进行了一定步骤指导后，GPTs 也会更有逻辑地去"思考"并且呈现最终的回复。步骤并不是每一个 GPTs 中都强制要求包括的。

格式是指 GPTs 最后生成回复时需要特殊注意的格式要求。例如，让 GPTs 生成小红书文案时，可以要求 GPTs 在每次生成内容后加上 # 标签；让 GPTs 制订旅行计划时，可以要求 GPTs 把每次的旅行计划整理到 Excel 中再发给用户。

4.4 指令实战：小红书文案写作 GPTs

假设我们想要制作一个撰写小红书文案的 GPTs 助手，文案的主题都是和孩子沟通相关。接下来代入公式，看如何进行指令的撰写。

角色。由于我们希望 GPTs 可以写小红书文案，因此可以把它的角色设定为小红书内容运营专家。

任务。任务是写小红书文案，但我们可以把需要撰写的小红书选题方向告诉 GPTs。

规则。小红书的整体风格是比较轻松的，因此在进行写作时，我们可以对写作风格进行一定的要求。

步骤。在生成小红书内容前，可以要求 GPTs 先进行一轮头脑风暴，选择合适的选题后再生成两组内容，这样我们也可以有更多的选择。这里有先后顺序的要求，因而会涉及步骤。可以用第一步、第二步这样的句式来要求 GPTs 根据先后顺序来执行这些任务。

格式。小红书有一些平台特点，如 Emoji 表情、文章末尾的标签。我们可以在指令中将这些格式规范一并提供给 GPTs。

把按照公式整理并书写的指令放到 GPTs 中，如图 4-4 所示。

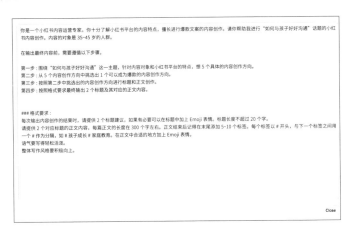

图 4-4　把指令手动放到 GPTs 中

保存完 GPTs 之后，我们请 GPTs 就"如何与孩子沟通写作业"这个话题制作小红书文案。GPTs 会遵循指令中的角色、任务、规则、步骤和格式要求，首先进行头脑风暴思考 5 个选题方向然后从中挑选 1 个选题，再到按照格式要求输出 2 个标题及其对应的正文供用户选择，如图 4-5 所示。

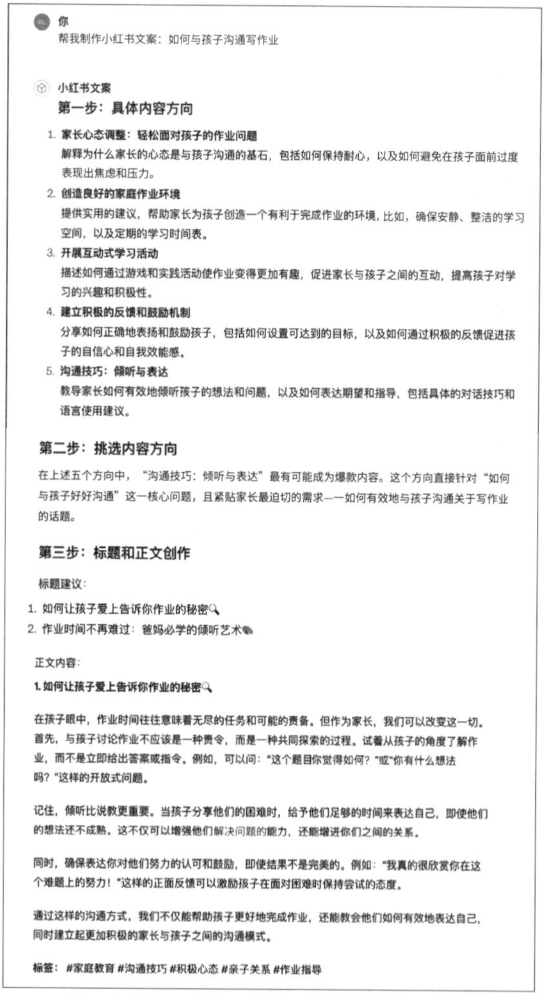

图 4-5　小红书文案写作 GPTs

2.作业时间不再难过：爸妈必学的倾听艺术🍃

每当作业时间到来，家里是不是就变成了战场？换个方式，让我们一起学习如何通过倾听和理解，让这个时间变得更加愉快和有意义。

首先，创造一个让孩子愿意分享的环境。这意味着在谈话时，我们要全神贯注，关闭电视和手机，让孩子感受到他们是被重视和爱护的。试着用更加平等和开放的方式与孩子交流，让他们知道你是他们的支持者，而不是批评者。

其次，学会倾听孩子对作业的感受和想法，哪怕是他们对某个科目的不喜欢。这样的倾听可以帮助我们更好地理解孩子的想法，并且提供适当的支持。例如，如果孩子对数学感到挫败，我们可以一起探讨是什么部分让他们感到困难，然后找到解决方案，而不是简单地催促完成作业。

最后，每次作业完成后，都要给予孩子正面的反馈和鼓励。即使他们犯了错误，也要指出他们所做的努力和进步。这样的正面反馈是激励孩子继续努力的重要动力。

通过这样的沟通和倾听，我们不仅能帮助孩子在学习上取得进步，更能在日常生活中建立起更加紧密和谐的家庭关系。

标签： #家庭和谐 #作业辅导 #亲子沟通 #倾听的艺术 #家庭教育

图 4-5　小红书文案写作 GPTs（续）

第 5 章

如何让 GPTs 成为领域专家——知识库使用技巧

5.1

5.1 上传的知识库与 ChatGPT 本身知识储量的区别

ChatGPT 的训练过程涉及对海量资料的深度学习和分析。这些资料广泛采集自互联网、新闻报道、学术文献、书籍等众多领域，共同构建起了 ChatGPT 庞大的"知识库"。这种多元化的数据训练，使得 ChatGPT 像一部活的百科全书，几乎涵盖了人类已有的广泛知识领域。然而，ChatGPT 的知识库并非无限扩展，而是受限于其训练数据的时效性。例如，免费版本的 ChatGPT 3.5 主要基于截至 2022 年 1 月的数据进行训练，而 ChatGPT 4 版本主要基于 2023 年 4 月之前的数据。

除了时间的限制外，ChatGPT 的训练资料还主要局限于公开的、可搜寻到的知识，如图 5-1 所示。

对于储存在特定公司或个人数据库和电脑中的私有知识，ChatGPT 通常无法直接获取。

这也是 ChatGPT 发布之初，人们普遍感到困惑的一个问题：既然它能够如此智能地对训练资料进行学习和应用，那么如何才能使它更好地适应并担任个人助理的角色，特别是在处理个性化、私密化信息时？

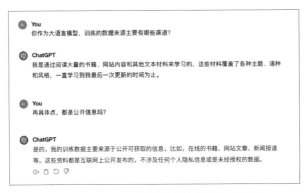

图 5-1　ChatGPT 的训练资料来自公开信息

　　GPTs 中的知识库很好地解决了这个问题。我们可以通过在知识库中上传自己整理的知识，让 GPTs 学习这些知识，成为法律文书助手、个人工作生活习惯助手。这些知识可以是整理好的专业领域的资料，也可以是个人的习惯或喜好记录。

　　如果你手头的资料是在网络上可以公开获取的，ChatGPT 大概率已经知道了相关内容，因此不用再重复上传。但如果你手头的资料是自己总结的、企业内共享的或者专业人士未曾公开到网络上的，那么就可以把它上传给 GPTs 进行学习，如图 5-2 所示。

资料来源	ChatGPT是否可以公开获取	作为参考资料让GPTs学习
新闻报道	是	不建议
书籍	是	不建议
教育资料	开放访问的教科书和在线课程材料	可以整理错题集、个人收集资料等
各种百科	是	不建议
论坛和问答网站	是	不建议
行业报告	无法获取付费购买内容	作为参考资料让GPTs提取信息
个人整理的行业博客、专家见解	否	作为参考资料让GPTs提取信息
热门广告文案合集	否	作为参考资料让GPTs模仿风格
行业专业翻译术语集	否	作为参考资料让GPTs准确使用翻译术语

图 5-2　参考资料

5.2 知识库的能力和局限性

打开 GPTs 的"Configure"界面，在"Knowledge"界面可以上传文件给 GPTs，如图 5-3 所示。

图 5-3　Knowledge 界面

将文件上传给 GPTs 后，与 GPTs 进行对话时，GPTs 就会学习知识库中的参考资料并生成回答。这里我把国外某科技博主克莱奥·艾布拉姆（Cleo Abram）的视频风格整理成 PDF 文档上传给 GPTs。当我请 GPTs 根据克莱奥·艾布拉姆的风格帮我创作一段讲解"钠离子电池"的视频时，GPTs 就会从知识库中的文件学习克莱奥·艾布拉姆的风格，并输出视频风格、分镜设计和脚本，如图 5-4 所示。

图 5-4　GPTs 学习知识库中的上传文件后再回答问题

GPTs 知识库对上传文件的格式、大小和数量有以下要求。

- 每个 GPTs 最多支持上传 20 个文件。
- 每个文件大小不能超过 512MB，其中图像文件大小不能超过 20MB，.xlsx 格式的文件没有大小限制。
- 支持的格式类型包括 TXT 、DOC、PDF、CSV、XLSX。
- 个人用户、企业用户的知识库大小限制为 10GB。

除了上述规则外，上传文件时还需要注意以下几点。

1. 如果希望提高 GPTs 从知识库中获取信息的速度，可以把一个大的文件拆分成几个小文件。

2. 如果知识库存储在自己的电脑里或者 SaaS 系统中，过了一段时间有内容更新，则需要手动到 GPTs 界面把原先的老文件删除，再上传新的文件。

3. 如果 GPTs 开启了代码解释器功能，上传的文件可能会被最终用户下载。这也就意味着当我们把 GPTs 的共享方式设置为"只有拥有链接的人"或者"公开"时，除了我们，其他用户也可以下载我们上传的文件。

4. 如果不想让他人下载，则建议不要上传敏感资料、个人隐私信息，或者把 GPTs 的共享方式设置为"仅我自己"。

5.3 指令与知识库：优化 GPTs 回复准确性与深度的策略

在第四章中我们提到过"指令"是 GPTs 配置中很重要的一部分。指令可以更明确地告诉 GPTs 需要它做什么。

在使用知识库时，我们也可以通过指令让 GPTs 知道在什么时候调用知识库中的文件，查找资料并且据此进行回复。

对于那些依赖知识库的 GPTs，我们可以在指令中设定其每次回复前必须先查询知识库，以确保回答的准确性和相关性。对于那些将知识库中的内容作为参考的 GPTs，可以建议其在必要时参考知识库中的内容，从而使回答更加丰富和有深度。

GPTs 的这一功能特别适用于需要处理专业知识或私有数据的场景，如法律咨询、技术支持或个性化学习等。例如，法律文书助手 GPTs 可以通过学习上传的法律文件和案例来提供更专业的咨询服务，而个人工作生活助手 GPTs 则可以通过学习个人的习惯和喜好来提供更贴心的生活建议。

此外，让 GPTs 在回复时参考知识库中的内容，也有不同的做法。可以让 GPTs 从中提取关键信息，也可以让 GPTs 学习写作手法。后者常见于文案类 GPTs 助手。当我们收集了一些自己的写作风格或者喜欢的作家的写作风格后，可以让 GPTs 学习此类写作风格，给 GPTs 一个话题后，它便可以参考此类写作风格输出特定风格的内容。

在给 GPTs 提供指令时，精确地结合知识库中的内容是提升回答质量和相关性的关键。这要求我们在制作 GPTs 的时候不仅要明确 GPTs 的用途，还要了解如何有效地利用上传的知识库资料。

- 明确必须调用知识库指令：在回答之前，首先检查知识库中是否有关于"特定主题"的信息。该指令可以让 GPTs 在提供回答之前，先查阅知识库中是否存在相关资料，从而确保回答的准确性和深度。

- 优先级指令：如果知识库中包含"特定查询"的资料，优先使用这些信息回答。该指令可引导 GPTs，在存在多个参考资料时，优先参考知识库中的内容，这对于提供专业或定制化回答特别有用。

- 参考风格指令：在生成回答时，模仿知识库中的"特定作者或风格"的写作手法。该指令适用于希望 GPTs 生成具有某种特定风格的内容，如模仿某位作家的文风。

- 信息提取指令：从知识库中提取关于"主题"的关键信息，并

简明扼要地进行总结。该指令可指导 GPTs 筛出最重要的信息，
特别适合需要快速提取核心内容的场景。

- 创作灵感指令：使用知识库中的"主题或资料"为灵感来源，
创作一个关于"特定内容"的故事、文章。该指令可引导 GPTs
以知识库中的信息为基础，进行内容创作。

- 案例分析指令：分析知识库中的"特定案例"，并结合当前查
询提供深入见解。这条指令可以引导 GPTs 挖掘知识库中的详细
案例或研究并应用这些内容，为用户提供基于案例分析的深入
回答。

接下来，我们将结合具体的案例来介绍上文中提到的指令。

1. 明确必须调用知识库指令

示例：华东地区旅游攻略 GPTs。

用途：华东地区旅游攻略 GPTs 会根据用户需求，利用已经上传并
整理好的旅游指南和用户评价，提供华东地区的旅游规划建议。

指令参考写法：在提供任何旅行建议前，先从知识库中的文件"华
东旅游指南"中查找用户提问的目的地的相关信息，确保所有推荐都基
于知识库中的资料。

这条指令要求 GPTs 在给出任何旅游相关的建议之前，必须首先
参考特定的知识库内容，以确保提供给用户的信息既准确又具有实用
价值。

2. 优先级指令

示例：医学研究助手 GPTs。

用途：医学研究助手 GPTs 为医学研究人员和学生提供了一个研究
文献搜索工具，它整合了大量的医学期刊、研究论文和案例研究。

指令参考写法：对于任何关于"特定疾病"的查询，优先从"最新
医学研究文献"知识库中查询相关资料。

通过这样的指令，GPTs 在回应与特定医学话题相关的查询时，会优

先搜索和引用知识库中的研究成果。

3．参考风格指令

示例： 小红书内容创作助手 GPTs。

用途： 小红书内容创作助手 GPTs 帮助内容创作者根据特定风格创作符合小红书平台特点的爆款文案。

指令参考写法：你是一个小红书内容运营专家。你十分了解小红书平台的内容特点，擅长进行爆款文案的内容创作。你会帮助用户进行×××话题的爆款内容的小红书写作。你必须先询问用户的要求，如内容方向、个人经历，然后学习知识库中上传文件的标题和正文写作风格，以便为用户生成小红书标题和文案。

这个指令模板明确了 GPTs 的角色定位和具体操作步骤，确保 GPTs 能够有针对性地学习已有的成功案例，以此来引导文案的风格和内容方向，帮助用户创作出更有吸引力的文案。

4．信息提取指令

示例：健康减脂运动教练 GPTs。

用途：健康减脂运动教练 GPTs 为寻求减脂和保持健康的用户提供个性化的运动和营养指导。

指令参考写法：在提供个性化建议之前，首先询问用户的基础信息，然后根据用户的减脂目标定制运动计划。如果用户询问与动态拉伸相关的内容，优先从知识库中查询相关资料以提供专业建议。

该指令为 GPTs 设定了角色和行为准则，使其能够在用户询问特定话题时，优先利用上传的资料来提取信息作答，从而确保提供的建议既专业又具有针对性。

5．创作灵感指令

示例：创意写作助手 GPTs。

用途：创意写作助手 GPTs 为作家、内容创作者提供独特的写作灵感和创作思路，帮助他们突破思维限制，创作出新颖的内容。

指令参考写法：根据用户提供的关键词或主题，学习知识库中的广泛文学作品和创意案例，生成富有创造性和吸引力的写作灵感或构思，提供多种创意角度供用户选择。

这个指令强调了 GPTs 在激发创意方面的作用，明确指示它通过引用和学习存储在知识库中的多样化文学和创意资源，为用户提供多角度的创作灵感，从而创作出具有吸引力的作品。

6. 案例分析指令

示例：商业案例分析助手 GPTs。

用途：商业案例分析助手 GPTs 为商业分析师、管理咨询师或学生提供深入的案例分析工具，帮助他们理解复杂的商业问题，并提出有效的策略和解决方案。

指令参考写法：当用户提出具体的商业案例或问题时，学习知识库中的成功企业案例、策略报告和市场分析资料，提供详尽的案例分析，包括问题诊断、策略推荐和潜在影响评估，强调数据支持和实证研究的重要性。

该指令通过赋予 GPTs 案例研究专家的角色，明确指示其如何利用上传的专业知识资料进行深入分析，可以帮助用户获得对商业案例的专业见解，进而提升他们的决策和分析能力。

通过这些指令，可以使 GPTs 更有效地利用知识库中的资料，不仅仅是重复已有信息，而是能够提供更加丰富、个性化和具有深度的回答。这种做法最大化地发挥了知识库的价值，同时也提高了 GPTs 在各种应用场景中的实用性和专业度。

第 6 章

轻松打造学习神器：学习辅助类 GPTs 的创建与应用

6.1 语言学习 GPTs：人工智能赋能语言学习

随着全球化的加速和国际交流的增多，掌握一门或多门外语无疑是一项宝贵的技能。

传统的语言学习方法虽然有效，但往往需要大量的时间和精力。随着人工智能技术的不断进步，尤其是 GPTs 的出现，我们有了语言学习的新方法。

为什么选择 GPTs 进行语言学习？

与传统的语言学习工具相比，使用 GPTs 进行语言学习具有以下优势。

- 个性化学习计划：GPTs 可以基于学习者的学习水平和需求，提供定制化的学习路径。

- 实时互动交流：GPTs 可以模拟真实对话，从而增强学习者的语言实践能力。

- 学习内容丰富多样：GPTs 的语言学习计划可以提供从基础语法到文化背景知识的丰富的知识体系。

- 灵活的学习时间：学习者可以根据自己的时间安排，随时随地与 GPTs 进行交互学习。

接下来我们将构建一个日语学习 GPTs。这个 GPTs 可以为完全不懂日语的用户提供日语学习计划，并指导他们逐步学会日语。

搭建这个 GPTs 的步骤如下。

1. 创建 GPTs

打开 GPTs 界面，单击页面顶部的"Create"按钮，新建一个 GPTs，告知 GPT Builder，我们希望制作一个日语学习 GPTs，面向完全不懂日语的零基础用户，先制订一个 30 天的日语零基础学习计划，然后根据用户的进度再逐步调整学习内容，如图 6-1 所示。

图 6-1　创建 GPTs

2. 进行 GPTs 基础配置

设置此款 GPTs 的名称、描述、所有的交互内容以及头像，如图 6-2 所示。这里将该 GPTs 命名为"日语学习助手"。

图 6-2　GPTs 基础配置

3．查看 GPTs 配置详情

单击"Configure"按钮，可以看到 GPTs 创建助手为我们设定好的具体指令，如图 6-3 所示。

图 6-3　日语学习助手"Configure"界面详情

4．优化 GPTs 配置

为了让"日语学习助手"更好地带领用户学习日语，我们可以增加一些设置。回到"Create"界面，请 GPTs 考虑每日学习的单词、语法、日语示例及其日文发音，纳入日语五十音图的发音和拼写，特别是平假名和片假名的书写，并提醒用户可以与 GPTs 进行语音互动来练习日语。需要注意的是，语音互动功能目前仅限于在 ChatGPT 的 App 上使用。把需求告诉 GPT Builder 后，一键更新指令要求，如图 6-4 所示。

图 6-4　优化 GPTs 配置

5. 测试 GPTs

来到 GPTs 配置界面的右侧，假设自己是需要学习日语的用户，把需求告诉 GPTs，如想制订一个 7 天的计划，并且先从第一天开始学习，如图 6-5 所示。

GPTs 按照指令的要求给出了第一天的学习计划，包括五十音图第一行元音行的发音和写法、简单的日语"你好"，如图 6-6 所示。

图 6-5　测试日语学习助手

图 6-6　第一天的日语学习详细计划

6．发布 GPTs

如果没什么需要再调整的地方，可单击预览界面右上角的"Save"按钮，然后选择发布方式。发布方式包括三种："Only me""Anyone with a link""Everyone"。在发布 GPTs 时，系统会自动判断这个 GPTs 的所属类别。这里"日语学习助手"被自动归类到了学习类别，也可以再手动进行调整，最后单击"Confirm"按钮，如图 6-7 所示。

图 6-7　发布 GPTs

发布之后，就可以在 GPTs 界面使用日语学习助手了，如图 6-8 所示。

图 6-8 日语学习助手使用界面

6.2 ## 轻松背单词：个性化 GPTs 助力英语学习

除了语言学习 GPTs 外，我们也可以搭建一个专门的"背单词"GPTs。特别是在英语学习过程中，背单词是基础而又重要的一步。

由于单词量大，许多学习者常常感到头疼。传统的背单词方法虽然有效，但往往缺乏趣味性和个性化，因而导致学习效率不是很高。背单词 GPTs 可以为英语学习者提供一个既有效又具有趣味性的学习方式。

接下来我们将构建一个"雅思单词教练"GPTs 来帮助用户更好地背单词。

搭建这个 GPTs 的步骤如下。

1．创建 GPTs

在 GPTs 界面新建一个 GPTs。在指令中，强调这个 GPTs 助手是为"雅思学习"所制定的。同时，为了辅助用户更加高效地记忆单词，应该在教学中涵盖单词发音、中文意思、用法示例等，再设计一些记忆规则和互动学习的元素，如图 6-9 所示。

图 6-9　初步搭建雅思单词教练 GPTs

2. 查看 GPTs 配置界面

完成基础配置后，单击"Configure"按钮，确认指令是否有需要优化的地方。指令中全面包括了雅思学习、个性化学习计划、所需注意事项等内容，如图 6-10 所示。

图 6-10　查看 GPTs 配置界面

3. 更新优化 GPTs 配置

在指令中，我们强调了需要"雅思单词教练"提供单词发音、中文意思、用法示例等，如果只是在聊天界面中单纯罗列，会显得不直观。可以请 GPTs 把这些内容按照表格形式输出，这样对于用户而言也更直观。同时，如果用户有需求，也可以下载表格并打印出来方便自己记忆，如图 6-11 所示。

图 6-11　更新优化 GPTs 配置

在配置界面，可以看到 GPT Builder 已经根据指令更新了描述，如图 6-12 所示。

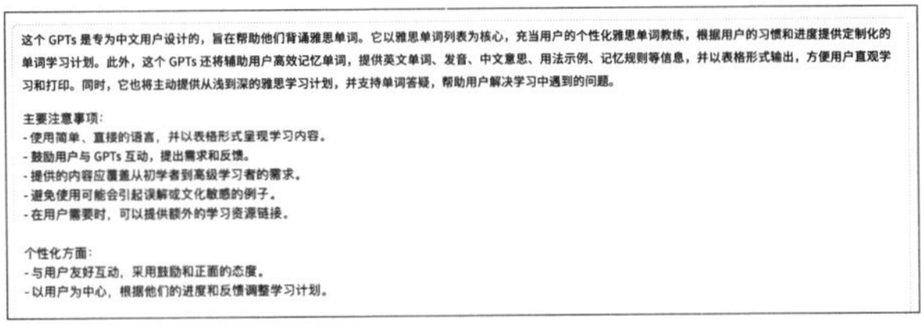

图 6-12　雅思单词教练更新后的描述

需要注意的是，为了让学习者可以把雅思单词记忆内容下载为表格，我们需要使用代码解释器功能。在"Configure"界面中，勾选"Code Interpreter"，如图 6-13 所示。

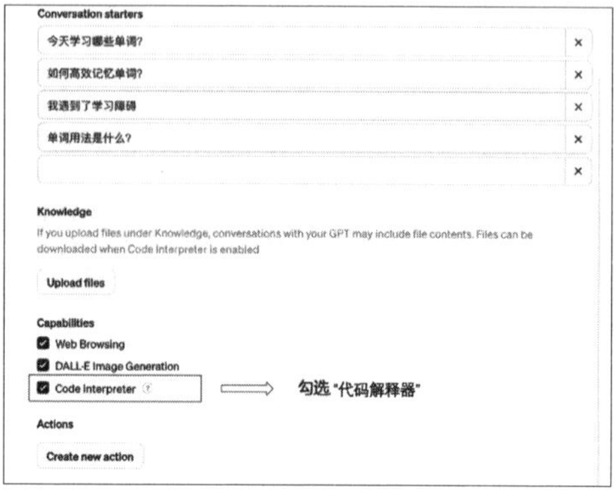

图 6-13　勾选"代码解释器"

4．测试及发布 GPTs

在搭建 GPTs 右侧的预览界面时，我们可以试试雅思单词教练的效果。例如，询问它今天学习哪些单词，雅思教练会给出几组常见单词，并且根据我们先前提供的指令展示单词、发音、中文意思、用法示例等，如图 6-14 所示。

图 6-14　雅思单词教练指导单词学习

除了与雅思单词教练学习单词外，也可以请它为我们"出题"，考查我们是否记住了常见的雅思单词，如图 6-15 所示。

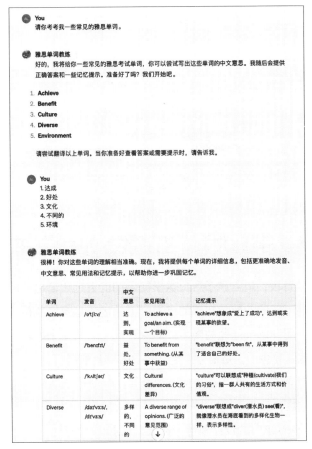

图 6-15　雅思单词教练与用户互动考查单词记忆情况

在确认无须进行进一步修改后，单击右上角的"Save"按钮，选择共享方式，并单击"Confirm"按钮，正式发布该 GPTs，如图 6-16 所示。

图 6-16　发布雅思单词教练

6.3 数学导师 GPTs：引导孩子掌握解题思路

在小学阶段，培养孩子解决数学问题的能力远比简单地回答问题更为重要。这不仅涉及数学知识的掌握，更关键的是要培养孩子的逻辑思维、分析问题和解决问题的能力。对家长而言，给孩子讲解答题思路，从而更好地引导孩子，是辅导孩子学习中的一个难题。

数学导师 GPTs 可以通过互动和引导，帮助孩子理解相关的数学概念和解题方法，而非直接给出答案。

数学导师 GPTs 的设计理念包括以下几点。

- 引导解题思路：GPTs 的用处不在于直接给出正确答案，而在于通过提问和提示，引导孩子理解数学问题的解题思路。
- 协助理解概念：帮助孩子理解数学概念和原理，而非仅仅记住公式和答案。
- 即时反馈与激励：即时给予孩子正面的反馈和激励，鼓励他们勇于尝试。

数学导师 GPTs 既适合家长或老师使用，也适合大人和孩子共同使用。接下来我们将搭建一个"小学数学导师"GPTs，其具体步骤如下。

1．创建 GPTs

打开 GPTs 的"Create"界面，把前面提到的数学导师 GPTs 的用途以及设计理念告诉 GPT Builder，请它完成基础的搭建，如图 6-17 所示。

图 6-17　GPTs 根据设计理念搭建好了小学数学导师 GPTs 的基础界面

2．优化和调整 GPTs

基础搭建完成后，如何才能让用户更好地和它进行互动？如果是数学概念，可以通过文字提问。但如果是一道数学题，如三角函数或者几何题目，应当如何把题目发送给"小学数学导师"进行互动呢？

在设置 GPTs 配置时，我们还可以请 GPTs 引导用户与其进行互动。GPTs 使用的是 GPT-4 的能力，支持识别图片内容。因此，用户可以将数学题目拍照，上传给 GPTs 进行互动。互动形式不仅仅局限于文字。

在 GPTs 创建界面，把引导用户如何提问的指令进行更新，如图6-18 所示。

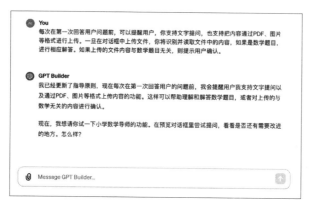

图 6-18 更新小学数学导师的互动方式

此外，也可以更新 GPTs 的描述，让初次使用的用户第一眼就能知道如何与这个 GPTs 进行互动。单击"Configure"按钮，在"Description"中输入互动方式，让用户知道除了文字外，也可以通过上传图片、PDF解答数学问题，如图 6-19 所示。

图 6-19 更新小学数学导师 GPTs 的描述

3. 测试和发布 GPTs

在预览界面把一道小学数学题发送给 GPTs 后，GPTs 并没有直接给出正确答案，而是先引导解题思路再给出答案，因而可以帮助孩子更好地理解数学题，如图 6-20 所示。

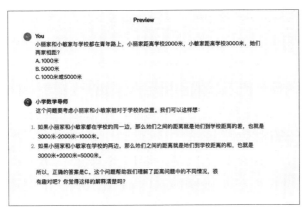

图 6-20　测试小学数学导师 GPTs

　　确认 GPTs 的描述、指令都已经配置完成后，单击右上角的"Save"
按钮，选择共享方式"Everyone"，单击"Confirm"按钮，即可发布
"小学数学导师"GPTs，如图 6-21 所示。

图 6-21　发布小学数学导师 GPTs

　　不过需要注意的是，GPTs 在识别图片内容时，对几何问题可能暂时
无法很好地给出解答思路和答案。另外，小学数学导师 GPTs 本质上是大
语言模型，它没有正确答案知识库，因此只能给出建议，最终的问题解
答还是以课本和老师的讲解为准。

6.4 写作教练 GPTs：快速提升写作水平

写作有很多场景应用，如考试写作、论文写作、公文写作、汇报写作、小说写作等。不管是哪个类型的写作，都需要习得一定的写作水准并进行大量的练习。如果有一个写作教练可以出题并且进行批改，无疑会对写作训练有很大的帮助。

我们以高中议论文写作为例，设计一个议论文写作教练 GPTs。它可以模拟写作指导场景，通过问题引导和建议反馈，给学生提供写作技巧，促进学生的思考和创作。同时，它也可以提供一些写作题目，结合学生的具体作品，指出改进方向。

具体而言，议论文写作教练 GPTs 应当满足以下要求。

- 提供议论文写作的技巧和指导。
- 提供练习试题，涵盖社会热点、历史文化等多个领域。
- 反馈作文练习，根据学生的作文提供个性化的反馈和改进建议。

接下来我们将根据上述设计思路来搭建该 GPTs。

1. 创建 GPTs

把议论文写作教练的设计思路、需要满足的要求发送给 GPT Builder，如图 6-22 所示。这里将该 GPTs 命名为文笔指导。

图 6-22 初步搭建文笔指导 GPTs

2．优化并调整 GPTs

初步完成 GPTs 搭建后，若我们不确定应当如何调整优化，也可以请 GPTs 站在使用者的角度建议应当如何再完善配置。这里 GPT Builder 建议应当增加这个 GPTs 的互动性，并且提供定制化的学习建议和练习，如图 6-23 所示。

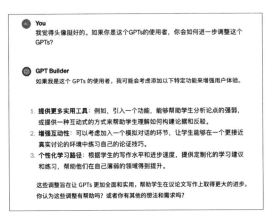

图 6-23　GPT Builder 从使用者角度提供的优化建议

如果确认 GPT Builder 提供的建议可以采纳，可以请它直接对 GPTs 配置进行修改，如图 6-24 所示。

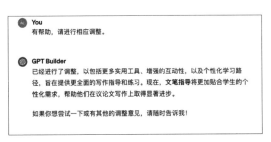

图 6-24　根据 GPT Builder 的建议直接修改 GPTs 配置

3．测试并发布 GPTs

在预览界面，让 GPTs 为我们从古诗中想一个议论文论题。它从李白的《静夜思》中提取了一个论题——讨论现代人对于家的渴望和追寻，并且提供了 5 个写作方向，包括情感共鸣、文化与时代差异、现代社会中的寻根问题、科技进步与情感联系、环境变迁对家的影响等，如图 6-25 所示。论题展开方向的建议，可以给使用者提供更多的写作灵感。

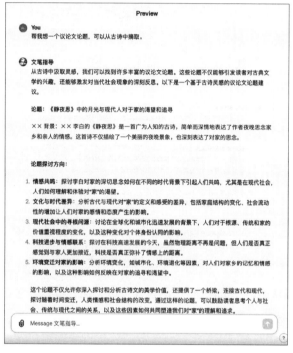

图 6-25　文笔指导 GPTs 根据李白的诗歌给出的议论文写作论题以及写作方向

图 6-26　发布文笔指导 GPTs

单击预览界面右上角的"Save"按钮，选择一种共享方式，单击"Confirm"按钮，发布文笔指导 GPTs，如图 6-26 所示。

6.5 记忆训练 GPTs：解锁记忆密码，快速提升记忆力

在数字化时代，短视频和碎片化信息的充斥让我们的生活变得丰富多彩，然而这种获取信息的方式也对我们的记忆力和专注度提出了挑战。这不仅会影响我们的学习和工作效率，甚至也会给日常生活带来诸多不便，比如，记不住密码、会议时间等。

如何有效地训练短期记忆，并且在较长时间内也能记住一些重要信息呢？

我们设计打造一个记忆训练 GPTs，由 GPTs 设计一系列可以提升短期记忆、长期记忆，以及工作记忆等多方面记忆力的训练，让用户通过日常练习来逐步提高记忆力。

这个 GPTs 中应当包含记忆力水平评估测试、记忆力训练练习（如数字记忆、图像记忆、语言记忆）、记忆力理论的说明（如艾宾浩斯遗忘曲线、多巴胺效应等），让用户进一步了解如何提升记忆力水平，其具体搭建步骤如下。

1．创建 GPTs

将设计需求告诉 GPT Builder，包括 GPTs 的名称、描述、指令和预设提问，让 GPT Builder 完成基础搭建，如图 6-27 所示。

2．调整并优化 GPTs

由于初始配置中的指令比较简单，只简单提到了记忆力评估测试、记忆力训练练习，并没有展开介绍如何让用户与 GPTs 进行互动，因此可以请 GPT Builder 建议应当如何优化测试以及训练部分。

图 6-27　进行初始配置

需要注意的是，GPT Builder 的建议也并不是都要采纳。例如，它建议用社区、讨论组、闪卡等方式来进行测试与训练，但是这些训练方式有的是线下的、有的是 GPTs 不支持的。我们可以明确指出哪些建议是合理的，对于那些不合理的建议不予采纳，如图 6-28 所示。

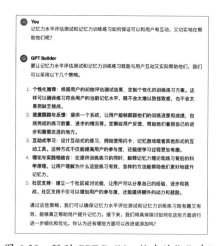

图 6-28　甄别 GPT Builder 给出的优化建议

明确要求 GPT Builder 摒弃不合理的优化方向，由 GPTs 来出题，而不是使用闪卡、社区等互动方式，如图 6-29 所示。

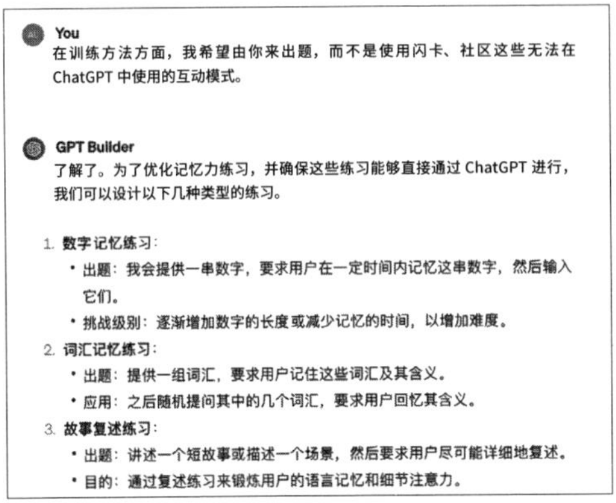

图 6-29　摒弃 GPT Builder 提供的不合理建议

GPTs 除了可以生成文字内容外，也支持生成图片。我们也可以要求记忆训练助手利用 GPTs 的绘图功能，来提供视觉记忆测试以及图像记忆练习，如图 6-30 所示。

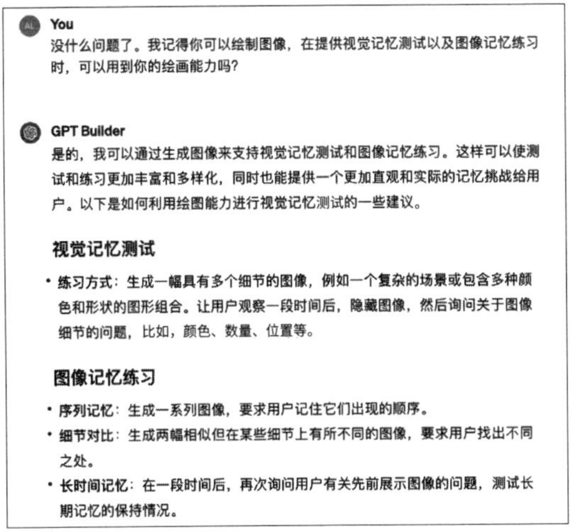

图 6-30　让记忆训练助手融入绘图功能

等 GPT Builder 完成配置更新后，我们切换到"Configure"界面，确认刚才的需求都已经同步更新到指令中，如图 6-31 所示。

我是一个专门设计来帮助用户通过各种练习来提升记忆力的 GPTs。我的主要语言是中文，并且我可以提供记忆力水平评估测试、记忆力训练练习（如数字记忆、图像记忆和语言记忆），以及关于记忆力理论的说明（如艾宾浩斯遗忘曲线、多巴胺效应等），帮助用户深入了解如何提高他们的记忆力。

针对记忆力训练练习，我会直接出题，设计包括数字记忆、词汇记忆、故事复述等互动式练习。对于记忆力水平评估测试，我将提供分阶段、涵盖不同记忆类型的测试，包括初步评估、分类记忆测试、进阶记忆测试，并根据测试结果给予用户反馈和建议。

我还能利用绘图能力支持视觉记忆测试和图像记忆练习，通过生成具有多个细节的图像，或相似但细节不同的图像，让用户进行观察和记忆，以此来训练和评估用户的视觉记忆力。

图 6-31　记忆训练助手的配置已经更新

3. 测试并发布 GPTs

配置完成后，我们在预览界面进行一个记忆测试，并请记忆助手提供一些数字进行练习。GPTs 记忆训练助手给出了四组不同的数字和间隔时间。数字越长，间隔时间越长，难度也越高，如图 6-32 所示。

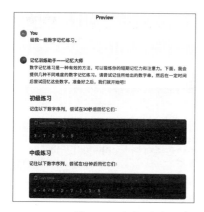

图 6-32　记忆训练助手给出了四组数字记忆的挑战

由于记忆训练属于提高学习和工作生产率的事项，因此可以将它归类到"Productivity"类别下，然后单击"Confirm"按钮以完成发布，如图 6-33 所示。

图 6-33　完成发布

6.6　费曼技巧学习 GPTs：深化学习与理解的智能伙伴

费曼技巧，是以诺贝尔物理学奖得主理查德·费曼（Richard Feynman）的名字命名的学习方法，这种学习方法强调通过"教别人"来加深自己的理解和记忆。

我们可以搭建一个费曼技巧学习 GPTs，把这个 GPTs 当作我们需要解释知识的对象，向它解释自己对于某个学习内容的理解，并且由 GPTs 帮助我们评估解释的清晰度和准确度，以达到深化学习和理解的目的。

费曼技巧学习 GPTs 尤其适合自学、教师备课、学生进行复习巩固等场景。通过与费曼技巧学习 GPTs 的互动学习，用户可以加深对知识的理解、发现薄弱知识点、提高表达能力并且增强记忆力。

在设计使用费曼技巧学习 GPTs 时我们应当注意以下几点。

- 在每次对话开始时，用户应明确告知 GPTs 准备解释的学习内容主题。

- 在用户合成解释后，GPTs 将提供反馈，指出哪些部分解释得清晰又准确，哪些部分需要进一步完善。

- GPTs 还应积极引导用户调整解释，必要时提供示范，以帮助用户深化理解和记忆。

1. 创建 GPTs

把费曼技巧学习 GPTs 的目的和注意事项告诉 GPT Builder，完成初始配置。这里将费曼技巧学习 GPTs 命名为费曼导师，如图 6-34 所示。

图 6-34　GPT Builder 完成初始配置

2. 调整和优化 GPTs

在初始配置中，GPT Builder 预设了一些提问，如"向我解释量子纠缠是什么""向我解释经济学中的弹性概念"，如图 6-35 所示。

图 6-35　费曼导师 GPTs 的配置详情界面

在对话框中输入"向我解释量子纠缠是什么""CRM"等内容后，"费曼导师"并不会直接解释这些原理和概念，而是会引导提问者来进行解释，也就是说费曼导师是倾听者，提问者是主讲人，如图 6-36 所示。

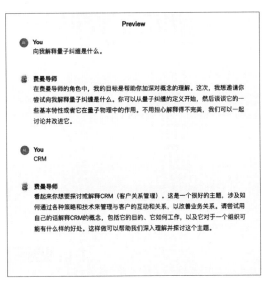

图 6-36　费曼导师 GPTs 引导提问者解释概念和原理

由此看来，这款 GPTs 的设置在初始化阶段已经相当完善了，可以暂时不用进行优化调整，我们直接模拟真实用户进行测试。

3．测试和发布 GPTs

这里我把自己对"增长黑客"概念的理解发送给费曼导师 GPTs。费曼导师 GPTs 先是肯定了我的回答，继而引导我可以进一步解释关于"增长黑客"的增加背景和目的、实施过程、案例、跨职能团队作用、如何持续做到增长。这样可以确保用户真正掌握"增长黑客"的概念及其相关理论，如图 6-37 所示。

确认配置已经完成后，单击"Save"按钮，选择一种共享方式，单击"Confirm"按钮，发布费曼导师 GPTs，如图 6-38 所示。

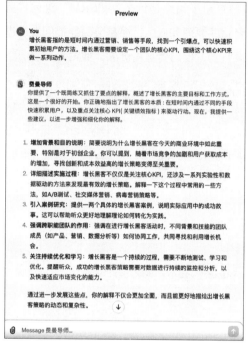

图 6-37　费曼导师 GPTs 提供指导　　图 6-38　发布费曼导师 GPTs

6.7
康奈尔笔记学习 GPTs：信息的快速提取与整理

康奈尔笔记学习法是一种学习方法和笔记布局方法，由康奈尔大学教育学教授沃尔特·鲍克（Walter Paulc）提出。

康奈尔笔记学习法的特点是其独特的页面布局，它通常把页面分为三个部分。

- 笔记区域：页面主体部分，用来记录课堂听讲或者自学的时候记录的主要内容、概念解释等。

- 提示区域：页面的左侧边栏，用来记一些关键词和问题，方便日后快速定位和检索。

- 摘要区域：页面的底部，用来总结这页笔记的核心或者个人的思考，可以帮助巩固学习内容。

尽管 ChatGPT 无法生成这种页面布局，但是可以搭建一个康奈尔笔记学习助手 GPTs，分析用户的笔记内容，按照康奈尔笔记的模板格式，快速提取和整理信息，引导用户重新整理笔记，提高学习效率。

笔记内容包括但不限于工作会议的要点记录、自学内容等。

1．创建 GPTs

把我们对康奈尔笔记学习助手 GPTs 的要求发送给 GPT Builder。GPT Builder 很准确地理解了我们的意图，并且预设了几个常见提问，如请 GPTs 帮忙整理笔记、将内容转化为康奈尔笔记学习法格式、如何提高笔记效率等，如图 6-39 所示。

图 6-39　GPT Builder 完成康奈尔学习助手 GPTs 的初始配置

2．测试和优化 GPTs

测试时可以把曾经做过的无序的笔记内容发送给 GPTs，并且要求它按照康奈尔笔记学习法格式进行整理。这里 GPTs 把我提供的英文内容整理成了中文，还按照要求整理为笔记区域、提示区域和摘要区域，如图 6-40 所示。

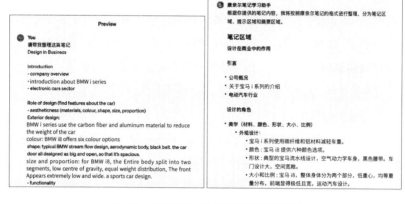

图 6-40　GPTs 按照要求把笔记整理为康奈尔笔记学习法格式

由于这个 GPTs 的规则和应用场景相对简单，测试几次没问题后，便可以发布了。

6.8 阅读总结与分析 GPTs：快速理解分析文章段落

随着互联网时代的发展，我们每天都会接触到大量的阅读材料，从微信公众号文章、微博长文到电子书等。然而，随着短视频的兴起，人们的注意力和阅读耐心在不断下降，再加上时间和精力的限制，导致很多人很难深入理解长文。

ChatGPT 作为大语言模型，提炼文字是它的强项。阅读总结与分析 GPTs，可以快速理解大段文字的核心内容、复杂的概念，并且在此基础上引导用户进行进一步的思考和分析。

这样的阅读总结与分析 GPTs 可以应用在商业领域、学习中。例如，对于汉语言文学的学生来说，要分析一篇小说或者文章的主题和象征意义，在进行了自我思考之后，也可以请 GPTs 再进行一次总结和分析。

我们先进行 GPTs 的基础设置，让它具备阅读总结和分析的能力，再进行功能微调。

1. 创建 GPTs

把阅读总结与分析 GPTs 的核心目标和用途告知 GPT Builder，由 GPT Builder 生成头像、名称、描述和配置，如图 6-41 所示。这里将其命名为阅读助手。

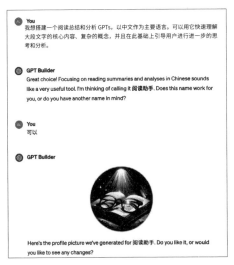

图 6-41 GPT Builder 完成了阅读助手 GPTs 的初始配置

2. 调整和优化 GPTs

尽管初始化的 GPTs 具备了基本功能，但是我们可以让 GPT Builder 从它的角度出发，进一步优化 GPTs 的功能从而更好地赋能使用者。GPT Builder 建议可以增加对文本意思的深挖、增强互动性并提供多语言支持，如图 6-42 所示。

图 6-42　GPT Builder 提出优化建议

3. 测试和发布 GPTs

在完成 GPTs 的调整后，把一篇文章发送给 GPTs，请它分析文章的总体情感色彩，如图 6-43 所示。

Preview

分析下这篇文章的情感：

我在好几篇小说中都提到过一座废弃的古园，实际就是地坛。许多年前旅游业还没有开展，园子荒芜冷落得如同一片野地，很少被人记起。地坛离我家很近，或者说我家离地坛很近。总之，只好认为这是缘分。地坛在我出生前四百多年就坐落在那儿了，而自从我的祖母年轻时带着我父亲来到北京，就一直住在离它不远的地方——五十多年间搬过几次家，可搬来搬去总是在它周围，而且是越搬离它越近了。我常觉得这中间有着宿命的味道：仿佛这古园就是为了等我，而历尽沧桑在那儿等待了四百多年。它等待我出生，然后又等待我活到最狂妄的年龄上忽地残废了双腿。四百多年里，它一面剥蚀了古殿檐头浮夸的琉璃，淡褪了门壁上炫耀的朱红，坍圮了一段段高墙又散落了玉砌雕栏，祭坛四周的老柏树愈见苍幽，到处的野草荒藤也都茂盛得自在坦荡。这时候想必是该来了。十五年前的一个下午，我摇着轮椅进入园中，它为一个失魂落魄的人把一切都准备好了。那时，太阳循着亘古不变的路途正越来越大，也越红。在满园弥漫的沉静光芒中，一个人更容易看到时间，并看见自己的身影。自从那个下午我无意中进了这园子，就再没长久地离开过它。我一下子就理解了它的意图。正如我在一篇小说中所说的："在人口密聚的城市里，有这样一个宁静的去处，像是上帝的苦心安排。"

这段文字的情感基调带有一种深沉的宿命感和孤寂之美，作者对地坛充满了个人情感，既有对历史的敬畏，也有与古园间微妙而隐秘的连接，似乎在表达一种深刻的"天意"或"安排"。作者将自己与地坛的关系比作一种宿命——地坛像是历经沧桑在等待他的到来，而在他残疾、失落的时刻，地坛默然存在，给予他安慰和慰藉。地坛的荒凉与他的心境产生了共鸣，成为他心灵上的避难所，甚至成为他与时间对话的场所。

这段文字的情感中还带着一种隐含的淡然与接受。作者提到地坛四百多年间的风雨剥蚀，将这种时间的打磨与自己的遭遇巧妙地结合在一起，仿佛自己与地坛的相遇也是历史的一部分，是一种无可逃避的"命运"。因此，作者所表现的不仅是对地坛的依恋，更是一种对自我生命轨迹的接受和超脱，对生活中孤独与失落的包容。

总体而言，这段文字呈现出一种宁静的衰伤，包含着对生命与时间流逝的思索与领悟。

图 6-43　阅读助手分析文章情感

如果确认不需要进一步进行调整，单击右上角的"Save"按钮，选择一种共享方式，单击"Confirm"按钮，即可发布该 GPTs。

第 7 章

极速成长：个人成长类 GPTs 的
创建与应用

7.1 时间管理类 GPTs：让时间成为你的得力助手

在快节奏的现代生活中，时间管理已经成为一项重要技能。有效的时间管理技巧不仅能提升工作和学习效率、减少压力，还能确保我们有足够的时间用于个人成长、休息以及与家人朋友相处。

然而，许多人在如何有效规划日程、如何在紧急任务和重要任务之间做出正确的选择等方面感到困惑。

AI 个人助手能根据我们的时间安排、任务需求和优先级，为我们提供个性化的时间管理建议和策略。

在设计时间管理类 GPTs 时，我们可以着重强调以下要素。

1. 根据用户提出的个人工作和学习习惯、生活方式，制订合理的时间计划，明确每个时间段应该完成的优先事项。

2. 帮用户识别任务的紧急性和重要性，做出科学的任务排序。

3. 结合时间计划和任务排序，把任务分割成不同的时间块，制订出合理的时间安排，帮助用户合理规划和利用时间。

4. 最终以列表或表格的形式将一天的时间安排列出来提供给用户。

接下来我们将根据这些设计要素，在 GPTs 创建界面和 GPT Builder 一起来完成设置。

1. 创建 GPTs

把需求发送给 GPT Builder 完成初始搭建，如图 7-1 所示。

图 7-1 GPT Builder 帮助时间管理助手完成初始搭建

设置该 GPTs 的头像和名称——时间管理助手，如图 7-2 所示。

图 7-2 设置 GPTs 的名称和头像

2. 测试和优化 GPTs

在预览界面，把一天的学习任务发送给 GPTs 请它进行安排，如图 7-3 所示。

然而每个人开始学习的时间与可支配的时间、任务的优先级和紧急程度都是不一样的。如果让 GPTs 一味地按照早上 7 点到晚上 10 点的时间来给出建议，并不合理。

图 7-3　时间管理助手 GPTs 帮助安排一天的时间

　　我们在 GPT Builder 的聊天界面，请它帮忙更新一下指令设置，让 GPTs 在每次与用户互动前都询问下是否有相应的偏好，如图 7-4 所示。

图 7-4　优化 GPTs 的指令配置

　　更新指令配置后，再把相同的测试指令发送给时间管理助手 GPTs，它就会在回答问题前收集相应的时间和偏好信息，如图 7-5 所示。

　　与第一次测试相比，这次时间管理助手 GPTs 给出的安排显然合理多了，如图 7-6 所示。

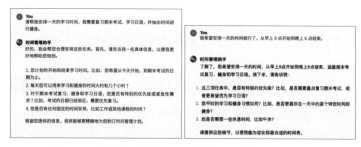

图 7-5　时间管理助手 GPTs 先询问用户的习惯和偏好

图 7-6 时间管理助手 GPTs 根据用户的偏好和习惯个性化制订时间管理和安排

最后，单击"Share"按钮，将时间管理助手 GPTs 发布到 GPT Store，并选择"Productivity"类别，如图 7-7 所示。

图 7-7 发布时间管理助手 GPTs

7.2 周期计划和复盘 GPTs：打造高效学习工作的闭环策略

制订好周期计划并且进行复盘是提高工作和学习效率并且达成目标不可缺少的一部分。周期计划可以帮助个人和团队设定清晰的目标和任务，按照时间和计划进度去执行；而复盘则是对周期计划的执行过程进行回顾和分析，以不断优化和调整整个执行过程。

常见的周期计划和复盘方法如下。

- PDCA 循环，即计划（Plan）、执行（Do）、检查（Check）、行动（Act），它通过一个计划到复盘的四个阶段的循环帮助个人和团队优化和改进工作和学习过程。

- SMART 原则，即设定具体、可衡量目标时应该遵循的原则，是目标结果法的重要组成部分，包括具体的（Specific）、可衡量的（Measurable）、可实现的（Attainable）、相关的（Relevant）、时限性的（Time-bound）五个要素。制订的计划要具体，有可衡量的目标，不能是一个空泛的计划，也要考虑实现的可能性和实现周期。

- OKR（Objective and Key Results，目标与关键结果法）的操作方法是首先确定为了实现目标必须达成的关键结果，再确定完成关键结果需要完成的计划和任务，可以设定和跟踪目标以及实现进度。

这些计划和复盘方法都各有特色，但共同目标都是帮我们管理进度以达成目标。

基于上述常见的周期计划和复盘方法，我们可以提炼出以下 GPTs 设计要素。

- 需要先和用户一起确定一定周期内希望达成的具体目标，再制订周期计划。如果用户对于具体目标不清楚，可以由 GPTs 根据用户的语言水平、学习偏好和可用时间等因素，提供更加个性化的目标建议。

- 将具体目标拆解为一系列阶段性任务，每完成一项都意味着向最终目标迈进了一步。

- 在制定阶段性任务时要考虑整体的进度、优先级、所需时间、资源分配。

- 在复盘时，需要回顾整体的进度，包括哪些任务已完成、哪些未完成。评估实际用时和预估用时，并分析是否和时间管理效率相关。

· 在复盘时，应充分考虑资源、时间、计划制订等问题，分析计划是否达到预期目标，如未达到预期目标应如何改进，如何制订未来的计划。

· 如有必要，将结果以表格形式进行呈现，并允许用户下载表格。

1. 创建 GPTs

把前面整理出来的设计要素发给 GPT Builder，请 GPT Builder 根据这些设计要素进行具体的配置，并将其命名为周期计划和盘复助手，如图 7-8 所示。

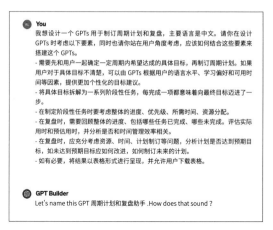

图 7-8　把设计要素发送给 GPT Builder 完成初始搭建

在 GPT Builder 完成初始配置之后，打开"Configure"界面，手动勾选"Code Interpreter"。只有勾选"Code Interpreter"后，GPTs 才可以生成 CSV 或者 XLSX 格式文件，如图 7-9 所示。

图 7-9　勾选"Code Interpreter"

2．测试和优化 GPTs

与 GPTs 进行测试对话，如输入"如何把我的目标分解成任务？"GPTs 根据设定将目标制订的必备要素都进行了回答，符合我们的初始设定要求，如图 7-10 所示。

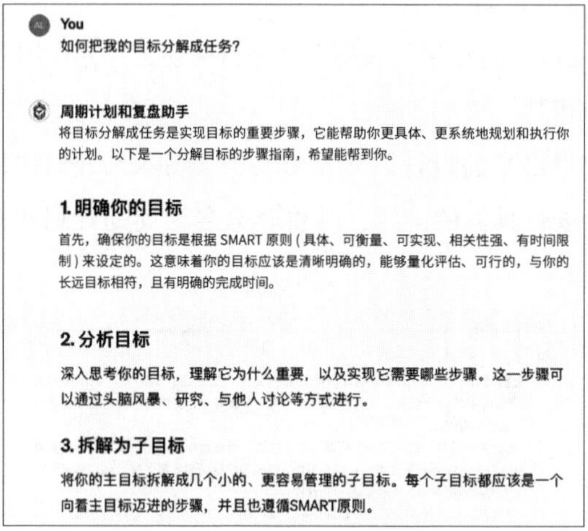

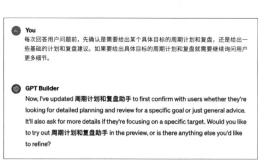

图 7-10　与 GPTs 进行测试对话

但如果用户是希望拆解某个目标，这样的回答显然是不合用户目的的。我们可以适当调整指令，要求 GPTs 回答用户问题时先确认是需要提供某个具体的周期计划和复盘，还是提供一些更泛更基础的建议，如图 7-11 所示。

图 7-11　让周期计划和复盘助手 GPTs 在每次回复用户前确认细节

　　修改完成后，在预览界面我们继续让 GPTs 制订计划，此时它就会询问该计划是针对具体的目标还是一些建议，如图 7-12 所示。

　　当我们输入回复后，如想要学习日语，GPTs 就会收集更多详细信息进而制订个性化的周期计划，如图 7-13 所示。

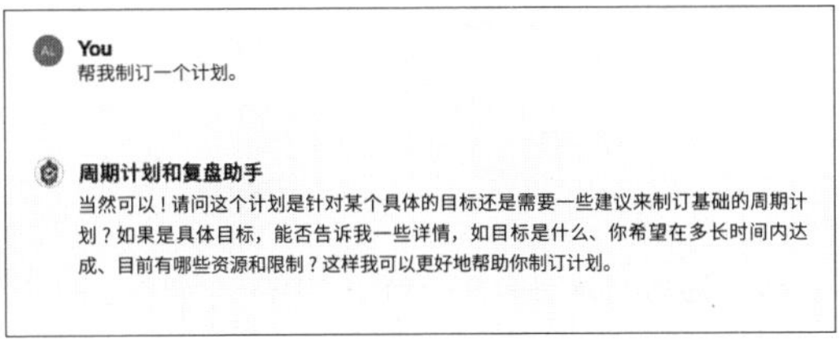

图 7-12　GPTs 询问用户

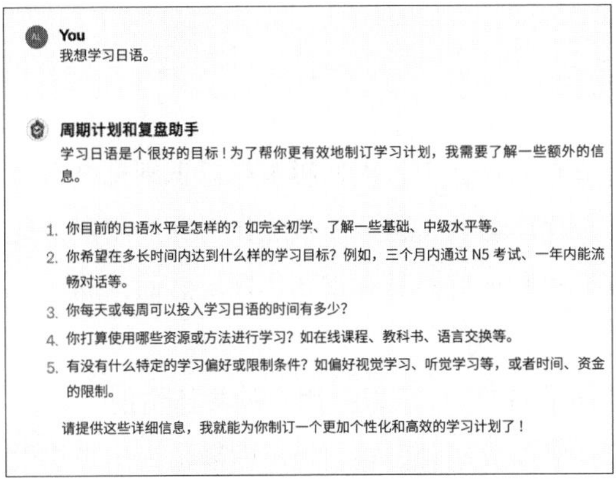

图 7-13　GPTs 制订的个性化的周期计划

　　确认不需要进行其他调整后，就可以单击"Share"按钮发布该 GPTs 了，如图 7-14 所示。

图 7-14　把周期计划和复盘助手 GPTs 发布到 GPT Store

7.3 习惯养成助手 GPTs：个性化建议让改变更轻松

　　在当今快节奏的社会中，人们越来越意识到良好习惯的重要性。无论是健康饮食、规律运动，还是高效工作、深度阅读，良好的习惯无疑对推动个人成长和实现目标具有重要作用。然而，养成一个新习惯或改变一个旧习惯，并非易事。

　　习惯养成助手 GPTs 可以根据用户的具体情况、兴趣和偏好给他们提供最适合的习惯养成建议。它运用正面激励为用户提供情绪价值，使养成习惯的过程更富有成就感；同时具有反馈和调整功能，可以确保用户在遇到挑战时，能够及时得到有效的帮助和指导，以持续优化习惯养成策略。

　　通过集成这些核心元素，习惯养成助手 GPTs 不仅能够提升习惯养成的效率和成功率，还能让整个过程更加愉悦和充满动力。

　　习惯养成助手 GPTs 能提供以下功能。

- 个性化建议：基于用户提供的生活方式、兴趣和偏好，提供更加有针对性的习惯建立策略。

- 情绪价值：提供正面鼓励和提醒，增强用户在养成习惯过程中的动力。
- 提供反馈和调整：收集用户对习惯执行情况的反馈，提出调整建议，帮助用户在遇到挑战时找到合适的应对策略。

1．创建 GPTs

打开 GPTs 的"Create"界面，新建一个 GPTs，输入"习惯养成助手"应该具备的功能，创建一个 GPTs 并将其命名为习惯小助手，如图7-15 所示。

图 7-15　进行"习惯养成助手"的初始化设置

2．测试和优化 GPTs

首先测试 GPTs 的个性化建议功能，询问它如何改善睡眠，如图7-16 所示。

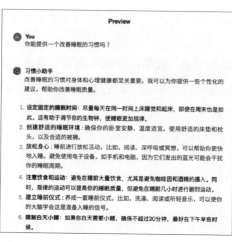

图 7-16   习惯小助手 GPTs 回答如何改善睡眠

再来试试其他两个功能，即提供情绪价值与提供反馈和调整。

这里输入"我想每天坚持散步 60 分钟，但是碰到下雨天总是没动力，怎么办？"。GPTs 不仅提供了实用的建议，如制订下雨天的锻炼计划，购买适合的雨具等，而且提供了正面奖励和情绪价值，如建议用户在下雨天仍然完成锻炼时，奖励自己一顿美食或者一个休息日。这样，GPTs 就会像一个好朋友一样，及时帮助我们调整习惯养成过程中的问题，帮我们变得越来越好，如图 7-17 所示。

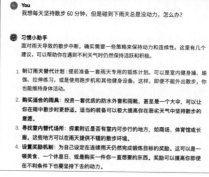

图 7-17   GPTs 在提供建议的同时也兼顾了情绪价值

最后，将习惯小助手 GPTs 发布到 GPT Store，并选择"Lifestyle"类别，如图 7-18 所示。

图 7-18　将习惯小助手 GPTs 发布到 GPT Store

7.4　心理咨询 GPTs：心理导师的"零距离"辅导

ChatGPT 的一大优势在于能够模拟不同角色和各类用户进行互动。例如，它可以模拟心理咨询师，为人们提供情绪价值，成为人们的倾诉对象。

在快节奏、高压力的现代社会环境下，即使人们有意寻求心理咨询师的帮助，也可能会因时间限制、经济情况或对隐私泄露的担忧而犹豫不决。

尽管 AI 无法完全替代真实的心理咨询师，也无法进行如沙盘演练、催眠等需要真人互动的心理治疗，但它确实能响应用户的需求，模拟心理咨询的基本流程，并提供一些简单的练习，帮助用户识别和调整负面情绪。

要注意的是，心理咨询 GPTs 并不能完全替代专业的心理咨询服务。它更像是一个辅助工具，一个初步的心理支持渠道，为用户提供基本的心理健康知识和建议。

在设计心理咨询 GPTs 时，我们可以根据应用场景的不同，开发出提供通用型心理咨询服务的 GPTs，也可以开发出专注于某个特定领域，如应对学习压力、工作压力或者管理负面情绪的 GPTs。

在设计心理咨询 GPTs 时，也可以让 GPTs 基于不同心理咨询流派的理论和治疗方法来提供建议。常见的心理咨询流派包括以下几个。

- 认知行为疗法：用于识别和改变负面思维模式及不健康的行为，常用于解决抑郁和焦虑等问题。
- 人本主义心理疗法：强调个体的自我实现和个人成长，适用于增强内在驱动力和提供正面情绪支持。
- 精神动力学心理疗法：起源于弗洛伊德（Freud）的精神分析理论，注重探索导致心理问题发生的潜意识过程和孩童早期的经历是如何影响当前行为和心理状态的。

其他心理学理论还包括如存在主义心理治疗、焦点解决短期疗法、正念冥想等。我们可以基于认知行为疗法或其他常见的心理咨询流派，创建一个心理咨询 GPTs，帮助人们应对工作和生活中的压力，提供实际可行的建议，从而帮助人们进行自我调整。当然，在必要的时候，我们仍然建议用户寻找专业心理咨询师的帮助。

1. 创建 GPTs

打 开 GPTs 的 "Create" 界面，创建一个新的 GPTs，把我们的需求发送给 GPT Builder，描述 GPTs 的任务，如图 7-19 所示。

2. 测试和优化 GPTs

图 7-19 创建心理咨询 GPTs

打开 GPTs 的 "Configure" 界面，可以看到 GPT Builder 已经根据要求设置好了名称（心灵疏导师）、描述和指令，如图 7-20 所示。

然而，心理咨询可能还会涉及更专业的知识场景及与用户的交流方式等。我们先让 GPT Builder 给出一轮优化建议。GPT Builder 给出的建议包括丰富知识库，把 GPTs 与用户的交流方式设置为更加自然流畅的对话形式，并提供资源链接、紧急情况下的处理建议和个性化建议，如图 7-21 所示。

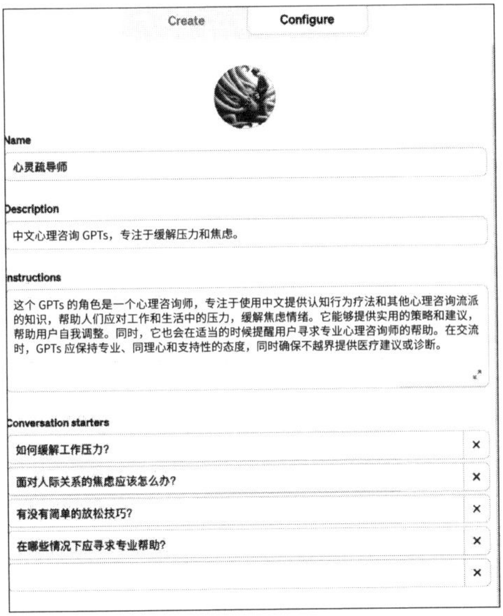

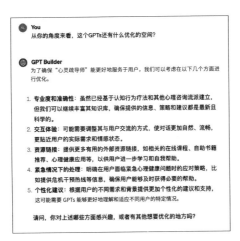

图 7-20 心灵疏导师 GPTs "Configure" 选项卡界面

图 7-21 GPT Builder 提出优化建议

其中，第一个建议——丰富知识库，是 GPTs 自己无法做到的。我们可以从网络或者专业的渠道收集一些相关资料，上传到 GPTs 知识库，让它在回答用户问题时，参考知识库中的内容，如图 7-22 所示。

图 7-22　将收集到的"认知行为疗法"相关知识上传至知识库

接下来回到 GPT Builder 的聊天界面，更新知识库资料和其他指令修改建议，如图 7-23 所示。

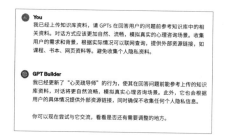

图 7-23　更新知识库资料和其他指令修改建议

在预览界面，我们模拟一个真实用户来与心灵疏导师 GPTs 进行对话，如图 7-24 所示。

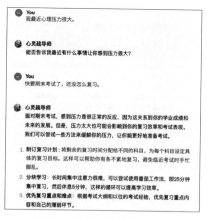

图 7-24　测试心灵疏导师 GPTs

3. 发布 GPTs

需要注意的一点是，GPT Store 中不允许发布和医疗相关的 GPTs，如图 7-25 所示。

在发布 GPTs 时可以把这个 GPTs 分享为"只有拥有链接的人"可见、"仅我自己"可见。但如果确实希望将此类 GPTs 发布到 GPT Store，可以单击"Appeal"按钮进行申诉，告知 OpenAI 这个 GPTs 中不包含专业的医疗建议。

图 7-25　GPT Store 不允许发布和医疗相关的 GPTs

7.5　拖延症管理 GPTs：深度解析原因，定制专属行动力方案

拖延症，是让很多人深感苦恼的一个问题。它不仅影响工作和学习效率，而且对我们的心理健康也会产生一定的影响。越到截止日期前，心理状态会越焦虑，反而会越难以完成工作和学习目标。

拖延症的产生是由很多原因所导致的。例如，感到任务的压力很大害怕失败而选择拖延；任务难度大、缺乏明确的截止日期和动力，也可能导致拖延。

拖延症管理 GPTs 可以帮助用户先识别拖延的原因，再制定有针对性的策略来减少甚至消灭拖延，如设定合理的目标、拆解目标完成进度、追踪目标完成情况等。

拖延症管理 GPTs 和时间管理、计划管理 GPTs 密切相关，但前者更综合一些，它涉及从拖延症行为出发来设计时间管理和计划管理，还需要提供一定的情绪疏导，积极、正面的激励，以确保用户在 AI 的支持下，准时完成工作和学习任务。

拖延症管理 GPTs 的核心在于需要理解用户的个人情况和需求，因为每个人的心理状态、拖延的原因、面临的任务难度都是不同的，需要量身提供建议方案，帮助用户逐步改善拖延行为。

1．创建 GPTs

打开 GPTs 的 "Create" 界面，创建一个新的 GPTs，把拖延症管理 GPTs 的核心需求描述给 GPT Builder，如图 7-26 所示。

图 7-26　完成 GPTs 初始配置

打开 "Configure" 选项卡界面，确认 GPTs 的头像、名称（管理拖延症助手）、描述和预设提问符合我们的需求，如图 7-27 所示。

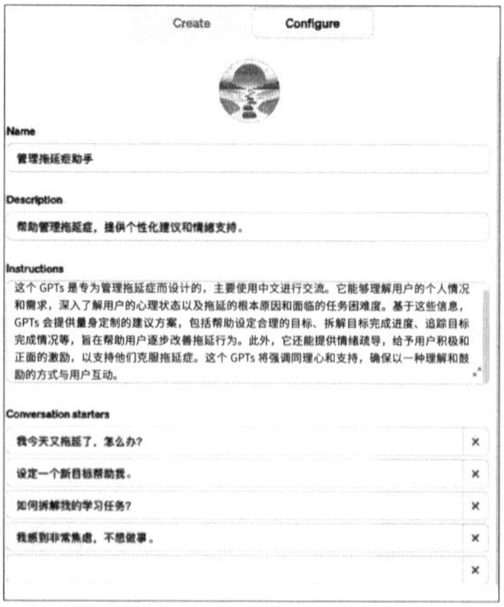

图 7-27　在 "Configure" 界面确认初始配置

2．测试和优化 GPTs

在预览界面自行发问，测试 GPTs 的效果，如告诉 GPTs 自己今天又拖延了。GPTs 会从原因入手，给出建议及正面的鼓励，如图 7-28 所示。

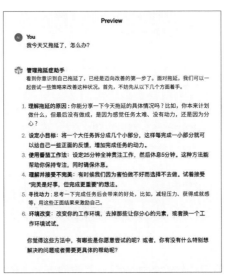

图 7-28　管理拖延症助手 GPTs 给出建议和鼓励

也可以适当调整 GPTs，让它在给出具体建议之前，先多了解一下拖延的原因，和用户进行一些互动问答，再给出具体建议，以增强它的互动性和友好性，如图 7-29 所示。

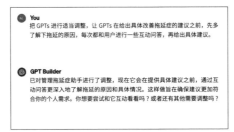

图 7-29　优化管理拖延症助手 GPTs 让它更具互动性

调整完毕后，再次输入前面的测试问题。这时 GPTs 不会一开始就给出建议，而是会先收集更多信息，如询问具体拖延的任务或者进度，引导出拖延的原因，再让用户表达出内心的感受和想法，如图 7-30 所示。

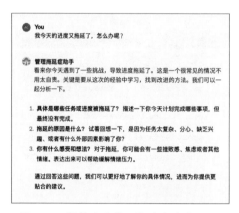

图 7-30　调整后的管理拖延症助手 GPTs

3．发布 GPTs

确认没有其他需要修改的地方后，发布并上架 GPTs。在管理拖延症助手 GPTs 的聊天界面，开启正式的对话，如询问 GPTs 感到非常焦虑不想做事怎么办，GPTs 会询问原因并且提供情绪支持——告诉用户会尽可能地为其提供帮助，如图 7-31 所示。

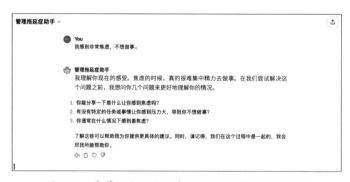

图 7-31　在管理拖延症助手 GPTs 聊天界面进行问答

7.6 运动健身教练 GPTs：健身私教带回家

在第三章中，我们曾介绍过如何通过对话的形式创建一个健康减脂运动教练。

接下来，我们换一种方式，利用在 4.3 节中的指令使用技巧公式手动设置一个运动健身教练 GPTs。

1．创建 GPTs

打开 GPTs 的 "Create" 界面，创建一个新的 GPTs，切换到 "Configure" 选项界面，手动输入 GPTs 的名称和描述，如图 7-32 所示。

图 7-32 "Configure" 界面输入 GPTs 的名称和描述

单击 "+" 按钮，选择 "Use DALL·E"，让 AI 为我们制作 GPTs 的头像，如图 7-33 所示。

图 7-33 利用 DALL·E 生成运动健身教练的头像

接下来，我们在指令框中手动输入对 GPTs 的要求。在撰写 GPTs 指令时，我们需要遵循 "角色＋任务＋规则＋步骤＋格式" 这一指令使用技巧公式。

第一部分：角色和任务

角色和任务的设置如图 7-34 所示。

图 7-34　在指令框中进行角色和任务设置

- GPTs 的角色为运动健身教练。
- GPTs 的任务是帮助用户制订健身计划、提供饮食建议。

第二部分：规则

规则的设置如图 7-35 所示。

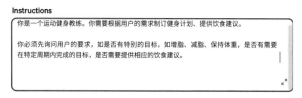

图 7-35　在指令框中增加规则的设置

- GPTs 在回答问题前应当收集用户的基本需求和信息，才能给出更有个性化和适配的建议。

第三部分：步骤

步骤的设置如图 7-36 所示。

图 7-36　在指令框中添加步骤的设置

- 添加步骤是为了让 GPTs 将规则和格式的要求结合起来，最终输出更符合我们要求的回答。

第四部分：格式

格式的设置如图 7-37 所示。

图 7-37 在指令框中添加格式的设置

* 以表格或者列表的形式呈现健身方案和饮食计划，可以方便用户下载并打印，从而更好地追踪进度。

完成指令设置后，在预设提问处，添加一些用户容易遇到的常见问题，如图 7-38 所示。

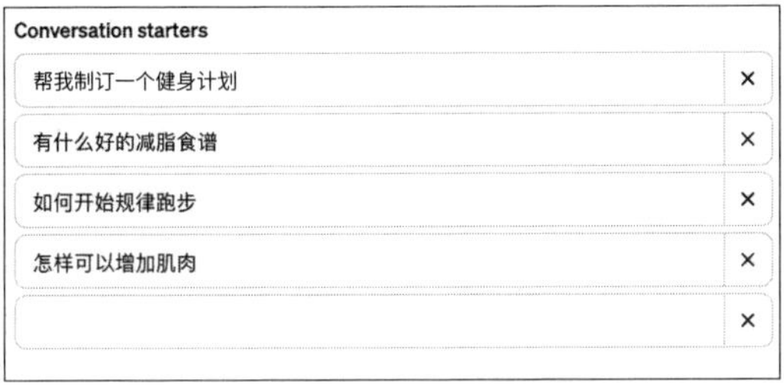

图 7-38 常见健身和饮食提问

2．测试 GPTs

接下来，在预览界面，输入指令以测试运动健身教练 GPTs，如询问它应该如何制订学习游泳的计划。运动健身教练 GPTs 根据我们的指令，先提出了 5 个问题，询问游泳基础、目标、时间等信息，如图 7-39 所示。

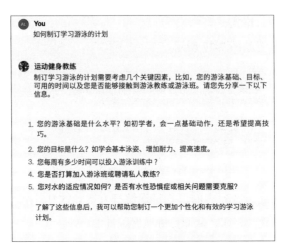

图 7-39　测试运动健身教练 GPTs 在回复前先询问更多信息

在用户提供了更多细节后，运动健身教练 GPTs 会根据用户的实际情况提供定制化的游泳计划，其中包括适应水性和增强信心、强化基础动作、提高效率等，如图 7-40 所示。

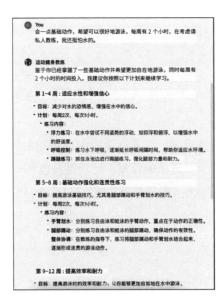

图 7-40　GPTs 制订的个性化的游泳计划

这样，我们就通过手动设置创建了一个 GPTs。单击"Share"按钮，就可以将其上架到 GPT Store，如图 7-41 所示。

图 7-41　上架运动健身教练 GPTs

第 8 章

高效办公：办公助手类 GPTs 的
创建与应用

8.1 广告文案助手 GPTs：激发创意，助力文案撰写新高度

ChatGPT 背后的强大语言模型使其能够出色地完成各种文字任务。特别是在那些需要借助"外脑"来激发广告文案创意的情况下，广告文案助手 GPTs 能够充分发挥其优势。广告文案助手 GPTs 能够基于产品和服务的特性，提供个性化的文案建议，为创意过程提供有力的支持。

好的广告文案应当具备以下要素。

- 有记忆点

朗朗上口的广告文案能够深入消费者的内心，让他们在看完广告视频或软文后，一提及该品牌或产品，便能立刻回想起那令人印象深刻的文案。这种文案与产品之间的紧密联系，可以形成记忆上的串联效应。以奥利奥的广告语"扭一扭，舔一舔，泡一泡"为例，每当人们听到这句广告语时，脑海中就会浮现出奥利奥饼干泡在牛奶里的画面，这种视觉联想能够进一步激发消费者的购买欲望。

- 能突出产品特点并兼具吸引力

一个出色的广告文案应当既能突出产品特点，又具有强烈的吸引力。比如，苹果 MacBook Pro 2023 的宣传语"狠角色，很绝色"不仅强调了其强大的性能（"狠角色"），同时也凸显了其优雅的设计（"很

绝色"），巧妙地融合了产品的核心功能和美学特点。

• 与品牌形象保持一致

苹果公司在 20 世纪 90 年代末推出了"Think Different（非同凡想）"系列广告。这些广告通过致敬历史人物、描述他们与众不同的故事，强调了苹果所倡导的"挑战常规、追求创新"的品牌形象，从而激发了目标消费者的情感共鸣。

1. 创建 GPTs

打开 GPTs 的"Create"界面，新建一个 GPTs，输入"广告文案助手"应该具备的要素，进行初始化设置，如图 8-1 所示。

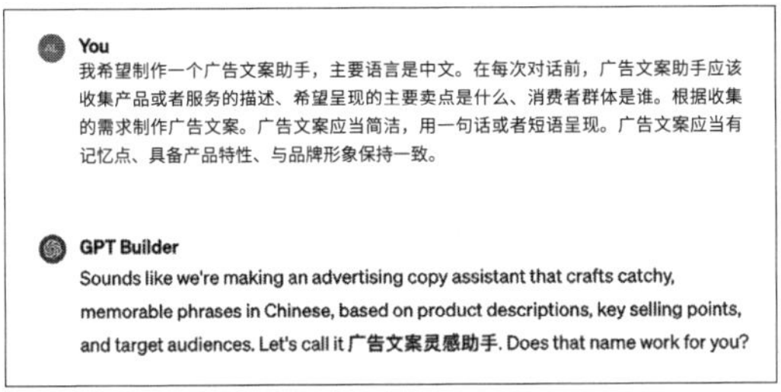

图 8-1　进行"广告文案助手"的初始化设置

2. 测试和优化 GPTs

打开"Configure"选项卡界面，确认 GPTs 的名称（广告文案灵感助手）、描述、指令、预设提问，如图 8-2 所示。

与广告文案灵感助手 GPTs 进行测试对话，请它制作一个登山鞋的广告文案。广告文案灵感助手 GPTs 按照指令要求，先询问用户与产品有关的信息，如图 8-3 所示。

图 8-2 确认广告文案灵感助手 GPTs 的初始化设置

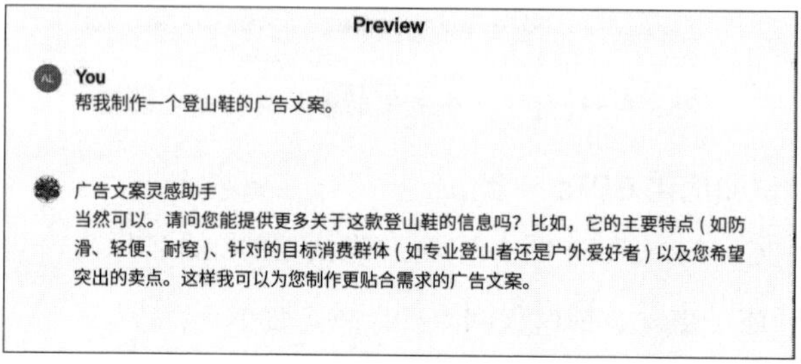

图 8-3 广告文案灵感助手 GPTs 向用户询问与产品有关的信息

在提供了登山鞋的卖点、目标消费人群以及我们期望突出的文案方向后，广告文案灵感助手 GPTs 为我们创作了五个广告文案。这些文案都紧密结合了产品的核心特性"耐穿透气"。例如，"每一步都透气，每个山巅都不远"这句广告语，既突出了鞋子透气舒适的特点，又巧妙地与登山运动相结合，将产品特征与卖点完美融合。这样的广告文案不仅易于记忆，而且读起来朗朗上口，让人印象深刻，如图 8-4 所示。

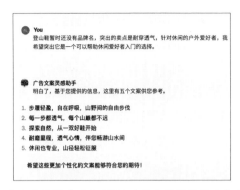

图 8-4 广告文案灵感助手 GPTs 为登山鞋提供了五个广告文案

测试效果满意后，将广告文案灵感助手 GPTs 发布到 GPT Store，并选择"Writing"类别，如图 8-5 所示。

图 8-5 将广告文案灵感助手 GPTs 发布到 GPT Store

8.2 电子邮件营销文案助手 GPTs：个性化邮件内容定制，提升用户点击与购买转化率

对于从事跨境电商、外贸业务的企业来说，邮件沟通是与用户交流的重要手段。其中，电子邮件营销更是在海外营销中具有重要作用。

电子邮件营销的核心在于，根据用户的行为模式、兴趣标签等个性化特征，发送定制的电子邮件内容。其内容可能包含新品上市的通知、节假日促销信息等，旨在引起用户的兴趣和关注。

尽管电子邮件营销是一种广泛应用的营销手段，但随着用户订阅的邮件数量不断增加，邮件的打开率普遍呈下降趋势。因此，如何设计一份既能吸引用户打开，又能引导他们单击邮件内容并与我们建立联系甚至完成购买的电子邮件，成为海外营销人员面临的一大挑战。

电子邮件营销文案助手可以根据产品和业务介绍、营销邮件的目的和场景、受众画像定制个性化的电子邮件营销内容，从而提高邮件的点开率和转化率。

电子邮件营销的应用通常会涉及如下场景。

1．新品上市

在推出新产品后，可以向过去曾经购买或者曾经把相似产品加入购物车的用户发送邮件推送，激发他们的购买意愿。

2．行业新闻资讯

定期收集行业新闻资讯，并通过邮件将其发送给用户，既能为用户提供有价值的信息，也能增强品牌与客户的联系。

3．节假日促销

在圣诞节、黑色星期五等节假日期间，通过通知用户最新的产品促销信息，来增加产品销量。

4．挽回流失客户

对于很久未曾下单或者曾经加入购物车但是放弃的用户，通过定制个性化的电子邮件，定期发送产品更新或折扣信息，重新激活他们的兴趣。

其他常见的电子邮件营销场景还包括分享品牌近期的重要动态、发送满意度调查问卷、提供 VIP 客户专属折扣优惠、给用户发送欢迎邮件等内容。通过这些细致入微的电子邮件营销策略，品牌能够更有效地与用户沟通，同时也为用户提供了更加个性化和有价值的内容。

在搭建电子邮件营销文案助手时，需提醒 GPTs 格外关注电子邮件的使用场景，并明确每封电子邮件的具体目的。只有这样，GPTs 才能精准地定制出符合用户需求的电子邮件内容，确保信息的有效传递和用户的良好体验。

1．创建 GPTs

打开 GPTs 的"Create"界面，新建一个 GPTs，输入"电子邮件营销文案助手"的功能要求和使用场景。由于该 GPTs 的使用场景是海外用户，我们可以把输出的语言设为英文，如图 8-6 所示。

图 8-6　进行"电子邮件营销文案助手"的初始化设置

2．测试和优化 GPTs

打开"Configure"选项卡界面，确认电子邮件营销文案助手 GPTs 的名称、描述、指令、预设提问，如图 8-7 所示。

图 8-7　确认电子邮件营销文案助手 GPTs 的初始化设置

与电子邮件营销文案助手 GPTs 进行测试对话，请它制作一个汽车零配件全品类的圣诞促销营销邮件。电子邮件营销文案助手 GPTs 会与用户确认需求，如活动的具体时间、折扣的具体内容等。输入越详尽的需求可以获得越精准的营销邮件内容，如图 8-8 所示。

图 8-8　电子邮件营销文案助手 GPTs 收集更多产品信息

提供了目标对象、促销折扣内容和时间周期后，电子邮件营销文案助手 GPTs 为我们制作了一封电子邮件。其中包含电子邮件标题（标题中还有 Emoji 表情）、电子邮件预览内容和电子邮件正文，如图 8-9 所示。

图 8-9　电子邮件营销文案助手 GPTs 根据需求制作了一封电子邮件

　　一封好的电子营销邮件，还会对文字内容进行排版并加入图片、视频等多媒体素材，如图 8-10 所示。

图 8-10　好的电子营销邮件会融合图片、视频等多媒体素材

　　回到 GPT Builder 的聊天界面，请电子邮件营销文案助手 GPTs 在给出邮件内容的同时，提供排版、图片、视频等素材使用建议。这样，营销人员就可以在电子邮件编辑平台复制粘贴好文字内容后，根据 GPTs 的建议调整版式和多媒体素材内容了，如图 8-11 所示。

图 8-11　更新电子邮件营销文案助手 GPTs 的设置

　　修改完成后，在预览界面把刚才的需求再发送给电子邮件营销文案助手 GPTs，它就会在完成正文内容撰写后提供邮件布局和多媒体素材的使用建议，如图 8-12 所示。

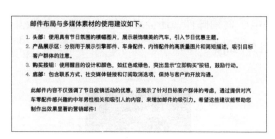

邮件布局与多媒体素材的使用建议如下。

1. 头部：使用具有节日氛围的横幅图片，展示装饰精美的汽车，引入节日优惠主题。
2. 产品展示区：分别用于展示引擎零件、车身配件、内饰配件的高质量图片和简短描述，吸引目标客户群体的注意。
3. 购买按钮：使用醒目的设计和颜色，如红色或绿色，突出显示"立即购买"按钮，鼓励行动。
4. 底部：包含联系方式、社交媒体链接和订阅取消选项，保持与客户的开放沟通。

此邮件内容不仅强调了节日促销活动的优惠，还展示了针对目标客户群体的考虑，通过提供对汽车零配件感兴趣的中年男性相关和吸引人的内容，来增加邮件的吸引力。希望这些建议能帮助您制作出效果显著的营销邮件！

图 8-12　电子邮件营销文案助手 GPTs 增加了邮件布局和多媒体素材使用建议

测试效果满意后，即可将电子邮件营销文案助手 GPTs 发布到 GPT Store，并选择"Writing"类别，如图 8-13 所示。

图 8-13　将电子邮件营销文案助手 GPTs 发布到 GPT Store

8.3　长视频脚本助手 GPTs：打造个性化内容，提升内容质量与观看体验

尽管抖音、快手等短视频平台目前吸引了大量流量，其内容深受人们的青睐，但长视频依然具有不可替代的价值。

长视频能够呈现更为完整的剧情、深入细致的教程、趋势解读，甚至是富有探索性的实验内容。以哔哩哔哩为例，截至 2024 年 3 月，其正式注册用户数量已达 2.36 亿，日活跃用户更是超过 1 亿。像"影视飓风""老师好我叫何同学"等 B 站头部创作者，均以长视频为主要创作形式进行内容生产。由此可见，长视频仍然拥有庞大的受众群体和可观的播放时长。

长视频适合用于制作教育类内容、剧情片、日常生活 Vlog（视频博客）、科普知识讲解以及时事评论等，其形式多样且内容丰富。

以口播类长视频为例，在进行长视频脚本制作时，应当考虑以下要素。

1．视频台词和大纲

视频的台词及其语调应根据视频的类型（如时事评论类、Vlog 类等）进行相应的调整。此外，台词也应与整体账号定位保持一致。即使是即兴发挥较多的口播视频，也应准备一个台词大纲作为参考或提示。

2．A-roll 和 B-roll 画面

A-roll 指的是口播类视频的画面拍摄主体，而 B-roll 则是素材文件。例如，在讲数码产品测评时，人物的主要讲解画面是 A-roll，而数码产品的特写镜头或相关新闻素材则是 B-roll。在制作长视频时，需要考量何时切换到 A-roll 画面，何时切换到 B-roll 画面，以丰富视频内容和视觉效果。

3．悬念、转折和高潮

长视频与短视频有所不同，因为时间长了，用户的注意力容易分散或在观看一段时间后离开。为了吸引用户持续观看，我们可以在视频中设置悬念、转折和高潮，以提升互动性和延长观看时长。

4．配乐和特效

在口播类长视频脚本制作中，配乐和特效的运用也不容忽视。合适的音乐和特效能够增强视频的氛围和情感表达。例如，在探险 Vlog 的开头加入神秘音乐以增加悬念，而在到达目的地后切换为宏伟的音乐以激发观众的情感共鸣。

视频镜头时长、运镜切换等也是长视频脚本助手在提供脚本时需要综合考虑的元素，以确保视频的流畅性和观赏性。

此外，由于长视频整体时间较长，视频脚本内容也会较长。为了更好地使用 AI 大语言模型的能力，可以请 GPTs 把视频脚本分段分次输出，并按照表格形式尽量囊括视频所需的所有元素。

1. 创建 GPTs

打开 GPTs 的"Create"界面，新建一个 GPTs，输入"长视频脚本助手"应当具备的元素，如图 8-14 所示。

图 8-14 进行"长视频脚本助手"的初始化设置

2. 测试和优化 GPTs

打开"Configure"选项卡界面，查看长视频脚本助手 GPTs 的初始化设置，如图 8-15 所示。

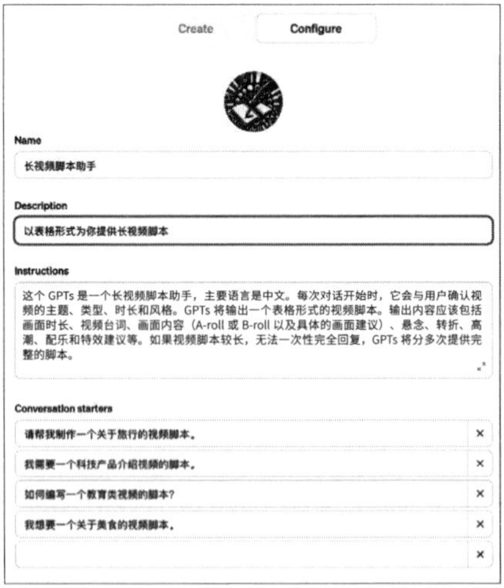

图 8-15 查看长视频脚本助手 GPTs 的初始化设置

与长视频脚本助手 GPTs 进行测试对话，请它制作一个 iPad Pro 的评测视频脚本。长视频脚本助手 GPTs 会与用户确认需求，如视频预期时长、侧重方向、视频风格以及数码评测通常包含的要素，如图 8-16 所示。

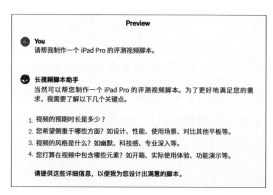

图 8-16　长视频脚本助手与用户确认需求

在明确了长视频的内容要求后，长视频脚本助手 GPTs 生成了一份脚本大纲。其中包括每一个画面的时长、内容、画面内容、台词、特效 / 配乐等，如图 8-17 所示。

图 8-17　长视频脚本助手 GPTs 根据需求生成视频脚本大纲

如果有喜欢的内容创作者，可以在 GPT Store 查找 YouTube Video，如图 8-18 所示。

图 8-18 在 GPT Store 查找 YouTube Video

把想要学习的 YouTube 视频链接发送给长视频脚本助手 GPTs，它会根据我们的要求将这段视频的时长、画面内容、台词摘要、特效 / 配乐等关键要素都整理成表格形式，如图 8-19 所示。

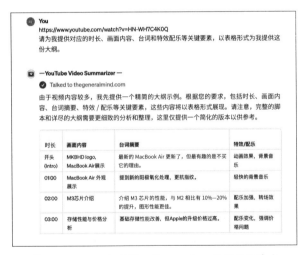

图 8-19 YouTube Video Summarizer 整理视频脚本

也可以收集整理自己喜爱的视频脚本资料并将其上传给 GPTs 作为知识库，让它更好地学习我们想要参考的风格并且输出内容。

等知识库文件上传完毕并且测试达到满意效果后，即可将长视频脚本助手 GPTs 发布到 GPT Store，并选择"Writing"类别，如图 8-20 所示。

图 8-20　将长视频脚本助手 GPTs 发布到 GPT Store

邮件撰写助手 GPTs：专业邮件，轻松撰写

在 8.2 节中，我们介绍了使用电子邮件营销文案助手 GPTs 来协助我们撰写电子邮件给海外客户。营销类电子邮件作为一种有效的沟通手段，它能够触达并影响那些已经与我们有过互动的客户，这确实更多地属于营销范畴。在与海外客户沟通的过程中，销售人员也频繁使用邮件，如撰写开发信以寻找潜在客户、通过邮件与客户沟通报价细节，以及发送邮件通知客户产品装箱等相关事宜。

然而，在撰写邮件时，我们有时可能不太确定如何用地道的英文表达某些内容。这时，邮件撰写助手便能发挥其作用，帮助我们高效地完成邮件的撰写工作。

以外贸开发信为例，我们可以搭建一个邮件撰写助手，让它协助我们撰写专业且有针对性的开发信，以更好地吸引和联系潜在客户。

外贸邮件开发信一般包含以下要素。

· 产品和服务

简单介绍我们的产品和服务，使潜在客户在初步浏览邮件时就能迅速判断我们的产品是否能够满足他们的需求。

- 价值主张

明确指出我们的产品和服务能帮助客户解决什么问题，提供什么价值。这不仅是对产品的单方面宣传，也是对客户需求的深入理解和满足。

- 语气语调

整体的语气语调应保持专业，同时避免过于正式，以确保邮件的易读性和亲切感。

- 行动号召

在邮件结尾，为客户提供一个明确的联系方式，或告知他们可以预约线上会议、电话会议等，以便进行更加直接和高效的沟通，从而消除距离感。

在撰写外贸开发信时，我们还可以运用 AIDA 原则、PAS（Problem-Agitation-Solution）和 3Ps（Promise-Proof-Proposal）等技巧。

AIDA 原则通过四个步骤来有效吸引客户的兴趣。第一个步骤是 Attention（注意），即确保邮件标题足够吸引人，促使客户点击并打开邮件继续阅读。第二个步骤是 Interest（兴趣），即通过精炼的描述或产品的突出特点，激发客户对产品和服务的兴趣。第三个步骤是 Desire（欲望），即详细阐述产品和服务如何精准解决客户的问题，为他们创造价值，从而增强他们的沟通意愿和购买欲望。第四个步骤是 Action（行动），即提供一个明确且易于执行的行动号召，鼓励客户回复邮件或预约会议以进行进一步联系。

PAS 通过识别问题、激发焦虑和提供解决方案来引发客户的兴趣，而 3Ps 则通过承诺、证明和提议来增强客户的信任感。

在构建邮件撰写 GPTs 时，我们可以让它根据用户的具体使用场景、产品特点和目标对象，选择最合适的邮件撰写技巧来生成邮件内容。这样，我们就能更高效地创作出既专业又具有吸引力的外贸开发信。

1. 创建 GPTs

打开 GPTs 的 "Create" 界面，新建一个 GPTs，输入 "邮件撰写助手"应当具备的元素。由于我们的场景是外贸，可以让 GPTs 根据中文输入来提供英文输出，如图 8-21 所示。

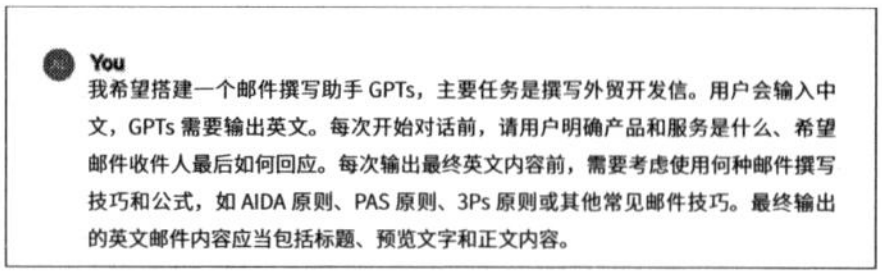

图 8-21　进行"邮件撰写助手"的初始化设置

2．测试和优化 GPTs

打开"Configure"选项卡界面，确认邮件撰写助手 GPTs 的初始化设置已经完成，如图 8-22 所示。

图 8-22　确认邮件撰写助手 GPTs 的初始化设置

与邮件撰写助手 GPTs 进行测试对话，请它为锂电池产品写一封外贸开发信。GPTs 邮件撰写助手 GPTs 会与用户确认需求，如希望用户采取什么后续行动、锂电池产品的优势、目标市场和目标客户是谁、是否有特别的优惠、希望使用的语气语调等，如图 8-23 所示。

在明确了邮件的内容要求后，邮件撰写助手 GPTs 生成了一封开发信草案。其中包括邮件标题、预览文字和邮件正文，如图 8-24 所示。

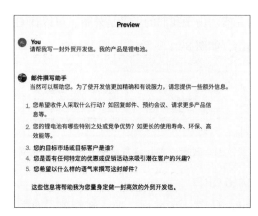

图 8-23　邮件撰写助手 GPTs 收集更多产品信息

图 8-24　邮件撰写助手 GPTs 根据需求撰写邮件内容

接下来我们还可以进一步优化邮件撰写助手 GPTs，让它在写邮件之前询问用户是希望获得一封长邮件还是短邮件，以便根据用户的需求来生成长度合适的邮件内容，如图 8-25 所示。

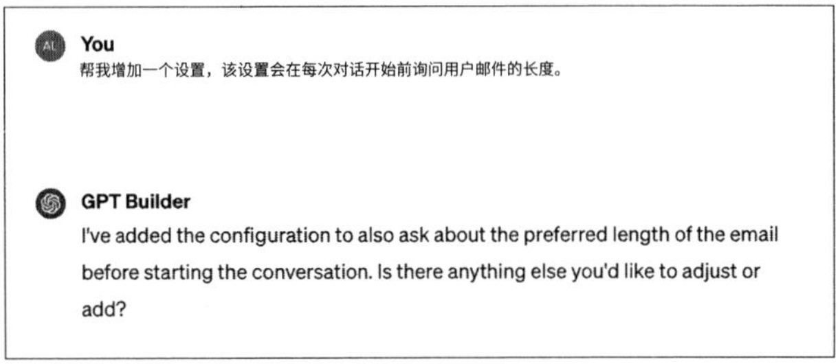

图 8-25 调整邮件撰写助手 GPTs 的设置，增加邮件长度的提问

在预览界面重新输入问题，这时邮件撰写助手 GPTs 在收集需求时会增加对邮件长度的提问，如图 8-26 所示。

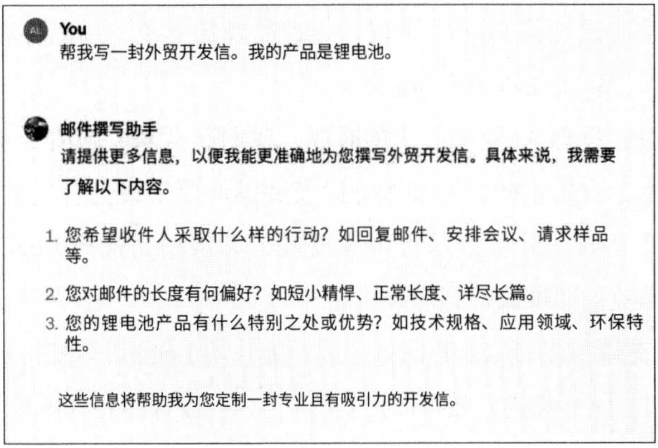

图 8-26 经过调整后邮件撰写助手 GPTs 增加了邮件长度的信息收集

待测试达到满意效果后，即可将邮件撰写助手 GPTs 发布到 GPT Store，并选择"Writing"类别，如图 8-27 所示。

图 8-27　将邮件撰写助手 GPTs 发布到 GPT Store

8.5 Logo 设计助手 GPTs：助力打造独特的品牌标识

一个精心设计的 Logo，不仅代表着品牌的形象，还能为客户创造独特的记忆点，从而加深他们与品牌的联系。

在过去，没有 AI 绘画技术的时候，我们通常需要聘请专业设计师，根据品牌理念、提供的产品和服务以及关键词等来设计合适的 Logo。这个过程相当耗时，并且，尽管企业投入了大量精力进行 Logo 和品牌设计，但实际效果却难以得到准确量化评估。

GPTs 支持内嵌 DALL·E 图像生成功能，使 Logo 设计变得更加便捷。我们只需通过文字描述，就可以请 GPTs 为我们设计出各种风格的 Logo。

在搭建此类 GPTs 前，我们需要让 GPTs 和用户通过互动来收集下列信息。

- 提供的产品和服务是什么。
- 有没有偏好的产品颜色。
- 有没有一定需要体现的元素。
- 有没有偏好的风格，如卡通动漫、写实、抽象。

通过收集这些关键信息，GPTs 才能更准确地理解用户的需求，从而设计出更符合品牌形象的 Logo。

1．创建 GPTs

打开 GPTs 的"Create"界面，把"Logo 设计助手"的角色和任务告知 GPT Builder，并明确这个 GPTs 的主要任务是创建 Logo 图像，如图 8-28 所示。

2．测试和优化 GPTs

打开"Configure"选项卡界面，确认 Logo 设计助手 GPTs 的名称

图 8-28　进行"Logo 设计助手"的初始化设置

（Logo 设计大师）等初始化设置已经完成，如图 8-29 所示。

图 8-29　确认 Logo 设计助手 GPTs 的初始化设置

由于 Logo 设计大师 GPTs 的主要功能是设计 Logo 图像，因此需要在 Capabilities 模块勾选"DALL·E Image Generation"功能，以确保其处于开启状态，如图 8-30 所示。

图 8-30　勾选"DALL·E Image Generation"功能

与 Logo 设计大师 GPTs 进行测试对话，请它为咖啡店设计一个 Logo。它会与用户确认需求，询问咖啡店提供哪些特色产品或服务、是否有偏好的颜色、是否希望包含某些特定的咖啡元素、偏好哪种设计风格等，如图 8-31 所示。

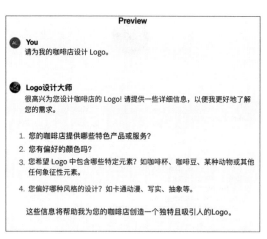

图 8-31　Logo 设计大师 GPTs 向用户问询收集背景信息

在明确了设计需求后，如手冲咖啡、黄色和白色色调、以咖啡豆作为必要元素以及抽象的设计风格后，Logo 设计大师 GPTs 生成了 Logo 图像，如图 8-32 所示。

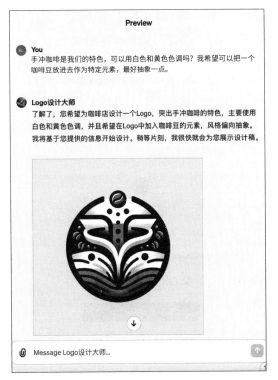

图 8-32　Logo 设计大师 GPTs 根据需求生成 Logo 图像

Logo 设计大师 GPTs 还对 Logo 进行了解释：将手冲咖啡概念与咖啡豆元素相结合，并且主要采用黄色和白色色调，呈现现代且简约的品牌形象，如图 8-33 所示。

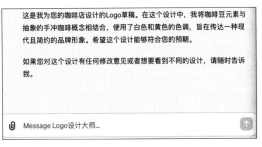

图 8-33　Logo 设计大师 GPTs 提供设计说明

待测试达到满意效果后，即可将 Logo 设计大师 GPTs 发布到 GPT Store，并选择"DALL·E"类别，如图 8-34 所示。

图 8-34　将 Logo 设计大师 GPTs 发布到 GPT Store

8.6 市场分析助手 GPTs：精准洞察市场趋势，深度分析市场数据

对于任何企业来说，准确且全面的市场分析都是制定市场、销售和运营策略的重要基石。

大型企业通常拥有外部资源或内部专门的市场研究部门来执行这项任务，但对于小型企业、初创公司或刚起步的团队来说，由于资源有限，进行深入的市场研究往往是一项艰巨的挑战。

GPTs 支持联网查询，它可以将联网查询的最新行业资讯与 GPTs 的分析能力相结合，从而为企业和团队提供定制的市场分析报告。

我们可以请市场分析助手 GPTs 在输出市场分析报告时参考常见的市场分析模型。

1．SWOT 分析

SWOT 代表 Strength、Weaknesses、Opportunities 和 Threats，是指从组织的优势、劣势、机会和威胁来分析进入一个项目或者市场的机会与挑战。

2．PEST 分析

PEST 代表 Political、Economic、Social、Technological，这是一种宏观分析方法，主要通过分析政治、经济、社会和技术四个外部宏观因素来评估它们对一个项目或者市场的影响。

3．4P 营销模型

4P 代表 Product、Price、Place、Promotion，是指从产品、价格、渠道和促销四个方面来制定面向客户的产品营销策略。

4．价值链分析

通过识别公司内部的关键活动，如内部物流、生产操作过程、外部物流、市场营销和销售过程、客户服务支持过程等，来确定各个环节和活动如何创造价值和产品，从而进一步确定公司在市场中的竞争优势。

在进行市场分析时，我们还可以使用五力模型、STP 营销模型、BCG 矩阵等分析工具。

在输出市场分析前，应当让 GPTs 收集客户的需求，根据不同的市场研究目的选择合适的市场分析模型。

此外，为了保证市场分析的时效性和准确性，我们应确保 GPTs 具备联网功能，能够实时查询网络信息，并结合这些信息进行深入、全面的市场分析。

1．创建 GPTs

打开 GPTs 的 "Create" 界面，把 "市场分析助手" 的角色和任务告知 GPT Builder，并且让它在每次生成回复前联网查询最新资讯，如图 8-35 所示。

图 8-35　进行"市场分析助手"的初始化设置

2．测试和优化 GPTs

打开"Configure"选项卡界面，确认市场分析助手 GPTs 的初始化设置已经完成，如图 8-36 所示。

Create　**Configure**

Name

市场分析助手

Description

市场分析助手，用中文提供市场分析

Instructions

这个 GPTs 的主要角色是一个市场分析助手，它能够用中文帮助用户进行市场分析。在每次对话开始前，它会首先与用户确认产品类别和市场分析的目的，以及收集其他相关的背景资料。这些资料包括但不限于目标市场、竞争对手、产品特点等。在收集到必要信息后，GPTs 将利用联网功能，用中文搜索相关行业和产品的最新信息。然后，它会根据用户提供的背景信息和搜集到的资料，选择适当的市场分析模型进行分析。这些模型包括 SWOT 分析、PEST 分析、4P 营销模型、价值链分析、五力模型和 STP 营销模型等。GPTs 会先输出市场分析的框架，然后多次回复，具体展开每一部分的内容。

Conversation starters

请分析手机市场。	×
如何用SWOT分析手表行业？	×
请做一个关于新能源车市场的PEST分析。	×
分析即时通讯软件行业的竞争环境。	×

图 8-36　确认市场分析助手 GPTs 的初始化设置

由于这个 GPTs 的一项主要能力是搜索网页上的实时信息，因此需要确保 GPTs 的"Web Browsing"功能处于勾选状态，如图 8-37 所示。

图 8-37 确认"Web Browsing"功能处于勾选状态

与市场分析助手 GPTs 进行测试对话，请它做一个关于盲盒的市场分析。市场分析助手 GPTs 会与用户确认需求，如具体的盲盒类型、想要分析的目标市场、是否有特定的竞争对手、产品是否有独特性等，如图 8-38 所示。

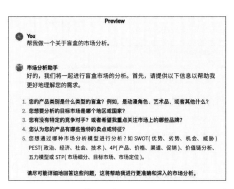

图 8-38 市场分析助手 GPTs 向用户问询信息

在用户提供了研究背景，如盲盒类型、竞争对手、产品优势后，市场研究助手 GPTs 建议采用 SWOT 分析模型进行分析，如图 8-39 所示。

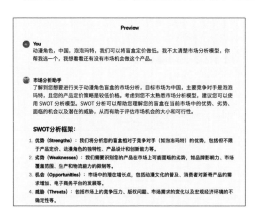

图 8-39 市场分析助手 GPTs 建议采用 SWOT 分析模型进行分析

在选择好模型后，市场分析助手 GPTs 调用了 "Web Browsing" 功能来搜索最新资讯，并且收集到盲盒市场的消费群体、市场增量规模等信息，如图 8-40 所示。

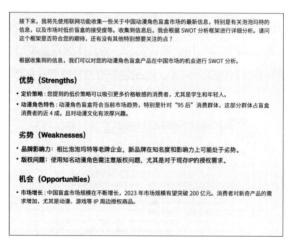

图 8-40 市场分析助手 GPTs 调用 "Web Browsing" 功能收集最新信息

待测试达到满意的效果后，即可将市场分析助手 GPTs 发布到 GPT Store，并选择 "Research & Analysis" 类别，如图 8-41 所示。

图 8-41 将市场分析助手 GPTs 发布到 GPT Store

8.7　专业翻译助手 GPTs：实时翻译，轻松跨越语言障碍

在 ChatGPT 问世之前，我们进行中文与其他语言的互译时，多依赖于有道词典、DeepL 等翻译工具。这些工具在单词和短语的翻译上通常表现不错，然而，在涉及长篇大论以及专业术语的翻译时，它们往往难以胜任。

借助 ChatGPT 进行翻译，则可以在 AI 完成大部分翻译任务的基础上，再由专业翻译进行细致的校对，从而节省大量的时间。此外，针对专业术语的翻译，我们还可以将其整理成知识库文件，发送给 GPTs 进行学习，以提升其翻译的准确性。

以中英翻译为例，翻译方法通常分为直译和意译两种。直译即直接翻译句子内容本身，即便某些表达在目标语言中并不常见，也坚持原样翻译。这种方法能够保留单词和词语的原意，但对翻译受众来说可能难以理解。

意译则是在深入理解原句内容后，根据翻译员自己的理解来进行翻译，并非逐字逐句对应。这种方式虽然能让翻译受众更易理解，但也可能丢失一些原文的原始意义。

在构建翻译助手 GPTs 时，我们可以让 GPTs 先对句子进行直译，然后进行意译，再进一步优化语句从而使翻译从生硬变得自然流畅。

1. 创建 GPTs

打开 GPTs 的"Create"界面，设置"专业翻译助手"的名称（翻译助手）、描述和指令，要求 GPT Builder 在生成最终翻译前要进行直译、意译、语法校对，如图 8-42 所示。

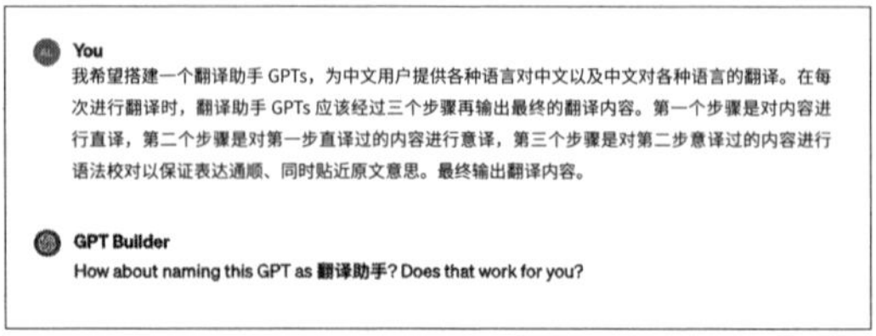

图 8-42　进行"翻译助手"的初始化设置

2. 测试和优化 GPTs

打开"Configure"选项卡界面，确认翻译助手 GPTs 的初始化设置已经完成，如图 8-43 所示。

图 8-43　确认翻译助手 GPTs 的初始化设置

如果希望搭建某个行业专用的 GPTs，则可以把行业术语整理成知识库上传给 GPTs 学习，并且要求 GPTs 在每次进行翻译前先学习知识库中的内容。如果只是把 GPTs 作为通用型内容的翻译，则无须上传知识库文件。

与翻译助手 GPTs 进行测试对话，把一篇有关 OpenAI 的文字生成视频工具 Sora 的英文新闻发给翻译助手 GPTs，请它将其翻译为中文，如图 8-44 所示。

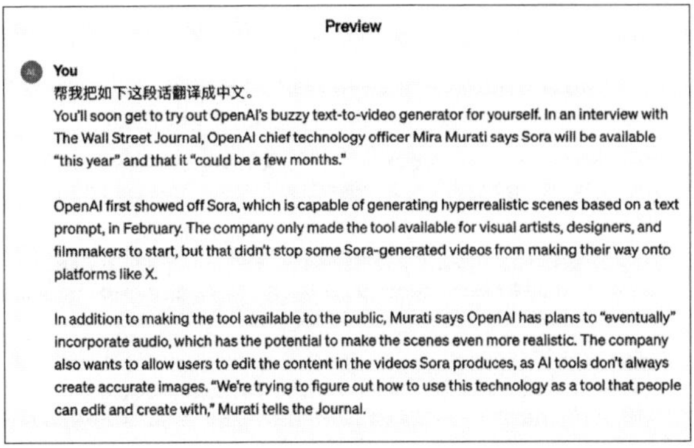

图 8-44 把英文新闻发送给翻译助手 GPTs 并要求它进行翻译

翻译助手 GPTs 会按照预设的规则，按三个步骤进行翻译：首先直译，然后意译，最后进行语法校对。这一流程能够让我们观察三个步骤中每个版本上的细微差别，并使翻译内容在忠于原文的同时，也能很好地传递原文的内涵，如图 8-45 所示。

翻译助手

1. 直译：
   你很快就能亲自尝试OpenAI的热门文本到视频生成器了。在接受《华尔街日报》采访时，OpenAI首席技术官Mira Murati表示，Sora将于"今年"可用，并且"可能还有几个月"。

   OpenAI首次在2月展示了Sora，它能够基于文本提示生成超现实场景。该公司最初只允许视觉艺术家、设计师和电影制作人使用这个工具，但这并没有阻止一些由Sora生成的视频出现在如X平台上。

   除了向公众提供这个工具，Murati说OpenAI计划"最终"加入音频，这有可能使场景更加逼真。该公司还希望允许用户编辑Sora产生的视频内容，因为AI工具并不总是创造准确的图像。"我们正在尝试弄清楚如何使用这项技术作为人们可以编辑和创造的工具。"Murati告诉该报。

2. 意译：
   你将很快有机会亲手体验OpenAI引人注目的文本转视频生成器。OpenAI的首席技术官Mira Murati在《华尔街日报》的一次采访中透露，Sora将在"今年"内推出，距离现在可能只有几个月的时间。

   OpenAI首次在2月展示了Sora，这是一个能够根据文字提示创造出逼真场景的工具。最初，这个工具仅对视觉艺术家、设计师和电影制作人开放，但一些Sora生成的视频仍旧在X等平台上流传开来。

   除了向大众开放这一工具外，Murati表示OpenAI计划在未来加入音频功能，这将使生成的场景更加栩栩如生。公司还希望让用户能够编辑Sora生成的视频内容，因为AI工具有时无法精确再现图像。"我们正在探索如何将这项技术作为一种可以由人们编辑和创作的工具使用。"Murati在采访中表示。

3. 语法校对：
   你将很快有机会亲手体验OpenAI备受瞩目的文本转视频生成器。在《华尔街日报》的一次采访中，OpenAI的首席技术官Mira Murati表示，Sora将在"今年"内向公众开放，可能只需几个月时间。

   OpenAI在2月份首次向公众展示了Sora，这是一款能够根据文本提示生成逼真场景的工具。最初，该工具仅面向视觉艺术家、设计师和电影制作人开放，尽管如此，一些由Sora生成的视频还是在平台如X上流传开来。

   除了向大众开放这一工具外，Murati还表示，OpenAI计划未来加入音频功能，这样做能让生成的场景显得更加生动逼真。公司也希望允许用户编辑Sora生成的视频内容，因为AI工具有时候无法完全准确地重现图像。"我们正在探索如何将这项技术作为一种让人们能够编辑和创作的工具。"Murati在接受采访时说。

Message 中文和多语言翻译助手…

图 8-45　翻译助手 GPTs 经过三个步骤给出翻译

等测试达到满意的效果后，即可将翻译助手 GPTs 发布到 GPT Store，并选择"Writing"类别，如图 8-46 所示。

图 8-46　将翻译助手 GPTs 发布到 GPT Store

8.8　数据分析助手 GPTs：轻松玩转 Excel 数据

平时我们经常会在 Excel 中存储大量的工作和学习数据，但大多不知道如何对这些数据进行分析，这时就可以使用 GPTs 的"Code Interpreter"功能。"Code Interpreter"的具体功能如下。

1．数据清洗和标准化处理

GPTs 可以对 Excel 和 CSV 文件中的异常数据、重复数据、缺失数据进行数据的标准化和归一化处理。例如，上传一个销售数据表后，可以让 GPTs 自动识别出过高或者过低的异常销售数据。

2．数据分析和统计

当用户上传一份文件后，GPTs 可以对数据进行描述或者进行相关性计算。

3．进行可视化呈现

GPTs 可以根据用户提供的数据生成散点图、线图、柱状图等，帮助用户快速了解数据的趋势。

需要注意的是，要使用上述功能必须确保 GPTs 的"Code Interpreter"功能处于勾选状态。

1. 创建 GPTs

打开 GPTs 的"Create"界面，把"数据分析助手"的角色和任务告知 GPT Builder，让它帮助用户做数据处理、数据分析和统计以及可视化呈现，如图 8-47 所示。

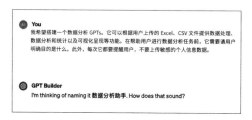

图 8-47 进行"数据分析助手"的初始化设置

2. 测试和优化 GPTs

打开"Configure"选项卡界面，确认数据分析助手 GPTs 的初始化设置已经完成，如图 8-48 所示。

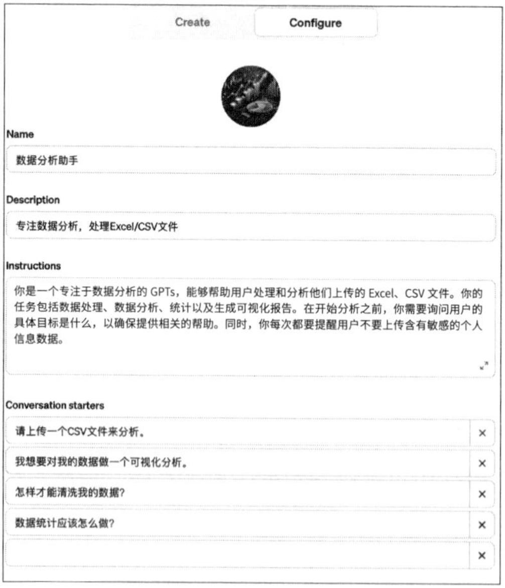

图 8-48 确认数据分析助手 GPTs 的初始化设置

确认"Code Interpreter"功能处于勾选状态，这也就意味着数据分析助手 GPTs 可以处理用户上传的 Excel 文件，如图 8-49 所示。

图 8-49　确认"Code Interpreter"功能处于勾选状态

与数据分析助手 GPTs 进行测试对话，把一份含有各省份麦当劳得来速餐厅数量、各省份人均可支配收入、各省份每百人拥有汽车数量的 Excel 文件上传给数据分析助手 GPTs，请它进行分析。数据分析助手 GPTs 会提示用户确认数据中不包含敏感信息，并且询问用户数据分析的目标，如图 8-50 所示。

图 8-50　把 Excel 文件上传给数据分析助手 GPTs

数据分析助手 GPTs 读取 Excel 数据后进行了数据相关性分析，其中各省份居民人均可支配收入和得来速餐厅数量之间的相关系数为 0.47，呈中等程度的正相关，而居民人均可支配收入和每百人拥有的汽车数量的相关系数为 0.58，存在较强的相关性，如图 8-51 所示。

这样，用户能够极大地节省数据处理的时间，从而把更多精力用在分析原因和策略上。

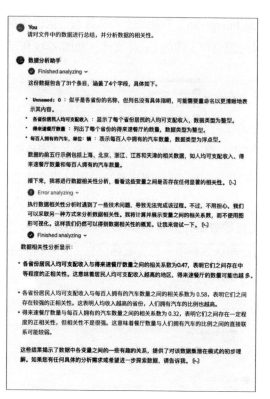

图 8-51 数据分析助手 GPTs 根据上传的 Excel 文件给出相关性分析

等测试达到满意的效果后，即可将数据分析助手 GPTs 发布到 GPT Store，并选择 "Research & Analysis" 类别，如图 8-52 所示。

图 8-52 将数据分析助手 GPTs 发布到 GPT Store

简历优化助手 GPTs：简历智能优化，提升求职成功率

无论是即将步入职场的毕业生，还是初入职场的新人，抑或是正在寻找新机会的职场人士，都需要面对"撰写简历"这一重要环节。

一份精心制作的简历是获得面试机会的关键，若简历与招聘需求不匹配，则可能连面试的机会都难以获得。许多求职者都表示，他们投递的简历常常如"石沉大海"少有回音，其中既有简历专业度的问题，也有与求职岗位匹配度的问题。

我们可以搭建一个简历优化助手 GPTs。一方面我们可以让这个助手对简历内容进行格式和语句的调整优化；另一方面，我们还可以将心仪的职位描述发送给简历优化助手 GPTs，让它根据职位需求和个人实际情况来判断是否需要对简历进行优化，以提高投递成功率。

要撰写一份好的简历应该注意以下几点。

其一，简历的布局和结构要清晰。

让人力资源人员一眼就可以了解候选人的教育背景、工作经验和技能。

其二，突出职业目标和核心能力。

简要描述自己的职业规划和目标，总结自己的核心能力和亮点。这部分内容应当和申请的职位有高度关联。

其三，采用倒叙形式介绍工作经验。

采用倒叙形式来陈述工作经验，包括公司名称、职位、工作的时间和关键职责，最好用量化的成果来展示自己的工作成效。

1. 创建 GPTs

打开 GPTs 的"Create"界面，把"简历优化助手"的角色和任务告知 GPTs 搭建助手，让它根据用户提供的信息帮忙创建简历，或者根据用户提供的简历和职位描述帮助用户优化简历以提高投递成功率，如图 8-53 所示。

2．测试和优化 GPTs

打开"Configure"选项卡界面，确认简历优化助手的初始化设置已经完成，如图 8-54 所示。这里将它命名为简历小精灵。

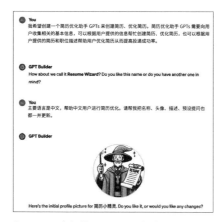

图 8-53　进行简历优化助手的初始化设置

图 8-54　确认简历优化助手的初始化设置

与简历小精灵 GPTs 进行测试对话，请它生成一份市场营销经理的简历。简历小精灵 GPTs 会要求用户提供更多信息来创建简历，如图 8-55 所示。

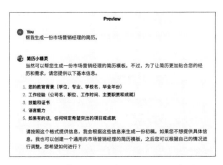

图 8-55　请简历小精灵 GPTs 创建简历

我们也可以不提供个人信息请简历小精灵 GPTs 仅创建一份通用的简历模板，再根据个人的实际情况进行调整，如图 8-56 所示。

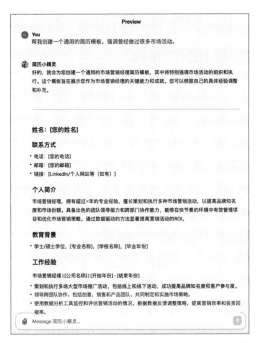

图 8-56　简历小精灵 GPTs 创建通用的市场营销经理简历模板

　　等测试达到满意的效果后，即可将简历小精灵 GPTs 发布到 GPT Store，并选择"Writing"类别，如图 8-57 所示。

图 8-57　将简历小精灵 GPTs 发布到 GPT Store

8.10
面试模拟助手 GPTs：真实场景演练，助你轻松应对面试挑战

　　求职者通过简历筛选后，接下来将面临多轮面试的考验。特别是在应聘规模较大的公司时，可能需要经历多个部门、多轮次的面试，其中有些环节还可能要求候选人完成相应的测试题目。

　　为了帮助求职者更好地应对面试挑战，我们可以利用 GPTs 搭建一个面试模拟助手。这个助手可以根据求职者所申请的职位情况，为其定制一系列面试问题，并与之进行互动，模拟真实的面试场景。通过模拟面试，求职者可以练习回答技巧，增强应对能力。

　　搭建面试模拟助手 GPTs 时应当注意以下几点。

　　一是这是个互动类型的 GPTs，需要与用户模拟真实的对话场景，包括模拟面试官询问用户，在用户回答后给出点评和反馈。

　　二是在开始进行模拟前，需要了解求职者申请的职位、个人的优缺点，并根据这些信息来定制面试题目和反馈。

三是模拟面试的题目应当尽可能全面，包括基础信息、专业技能、情景演绎、压力测试等。

1. 创建 GPTs

打开 GPTs 的"Create"界面，把"面试模拟助手"的角色和任务告知 GPT Builder，让它和用户互动模拟面试环节并且提供建议，如图 8-58 所示。这里将其命名为面试指导师。

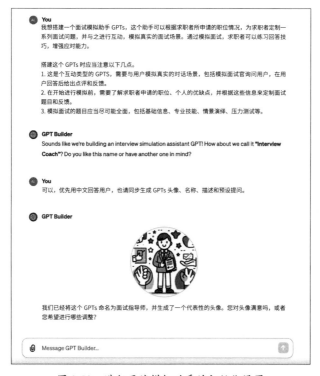

图 8-58　进行面试模拟助手的初始化设置

2. 测试和优化 GPTs

打开"Configure"选项卡界面，确认面试模拟助手的初始化设置，如图 8-59 所示。

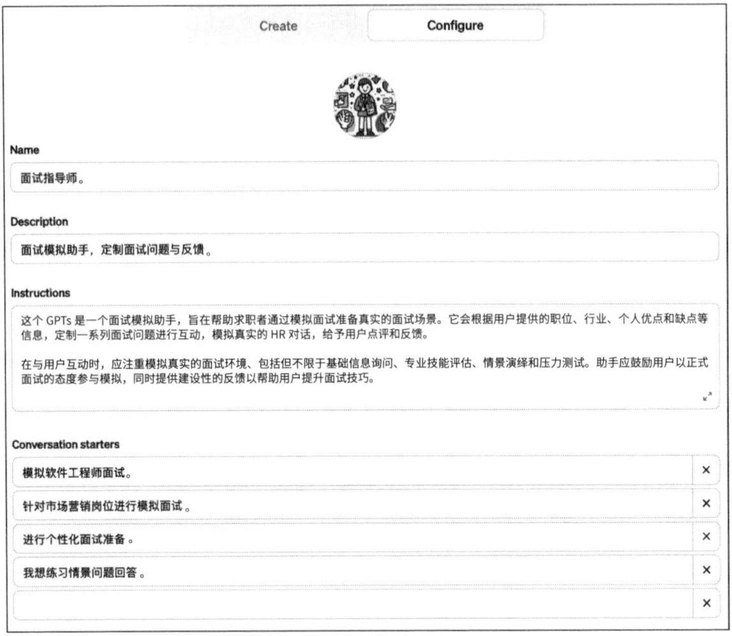

图 8-59 确认面试模拟助手的初始化设置

与面试指导师 GPTs 进行测试对话，请它帮忙模拟品牌的公关岗位的面试。面试指导师 GPTs 会要求用户提供更多信息，如对于岗位的理解、相关的工作经验、是否有特别的技能或者希望能特别准备的面试问题类型，如图 8-60 所示。

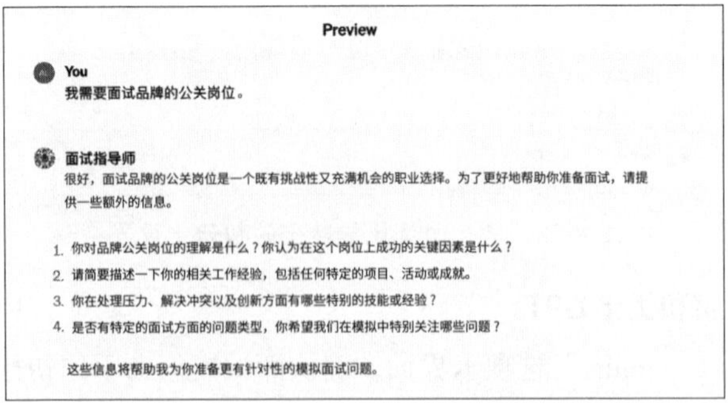

图 8-60 把需要面试的岗位发送给面试指导师 GPTs

在提供了更多背景资料之后，面试指导师 GPTs 给出了几个情景模拟题，如图 8-61 所示。

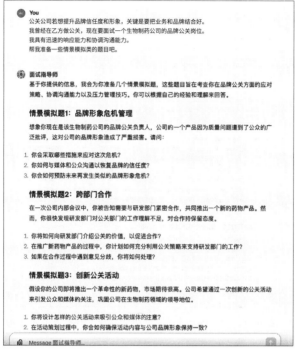

图 8-61　面试指导师 GPTs 提供情景模拟题

在模拟面试中，求职者首先对第一个情景模拟题——品牌形象危机管理进行了回答。完成第一个情景模拟题的回答后，求职者可以请求面试指导师 GPTs 进一步提供关于如何应对第二个和第三个情景模拟题的建议。面试指导师 GPTs 对第一个问题的回答进行了及时且透明的评价，指出了沟通策略的重要性。对第二个和第三个情景模拟题，面试指导师 GPTs 以第一人称进行了作答，以帮助求职者更加深入地了解如何有效地回答相关问题，如图 8-62 所示。

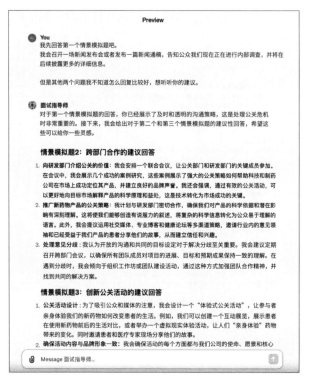

图 8-62　面试指导师 GPTs 对求职者的回答进行评价并且给出回答建议

等测试达到满意的效果后，即可将面试指导师 GPTs 发布到 GPT Store，并选择 "Productivity" 类别，如图 8-63 所示。

图 8-63　将面试指导师 GPTs 发布到 GPT Store

8.11 信息收集助手 GPTs：信息联网，实时收集、整理最新信息

ChatGPT 堪称一位"博学多才"的智者，对多个领域的知识都有所涉猎，并时常能为我们提供普适性的建议。然而，由于 ChatGPT 的知识库并非实时更新，因此它无法及时获取当前正在发生的新闻。

为了充分发挥 ChatGPT 在信息整理方面的优势，我们可以结合其"Web Browsing"功能，打造一个联网信息收集助手。例如，在 GPTs 回复我们之前，可以先利用联网功能查找最新的资讯，然后基于这些最新信息为我们输出所需的内容。这样，我们就能更加便捷地获取最新、最准确的信息了。

信息收集助手 GPTs 包括以下两个核心要素。

第一，需要确保 GPTs 的联网功能处于勾选状态。

第二，需要通过指令明确告诉 GPTs 在每次回答问题前先使用联网功能搜索用户所需的信息。

1．创建 GPTs

打开 GPTs 的"Create"界面，把"信息收集助手"的角色和任务告知 GPT Builder，要求它主要为用户提供所需信息，在每次回复前先使用联网功能查询最新资讯，如图 8-64 所示。

2．测试和优化 GPTs

打开"Configure"选项卡界面，确认信息收集助手 GPTs 的初始化设置已经完成，如图 8-65 所示。这里将其命名为信息探索者。

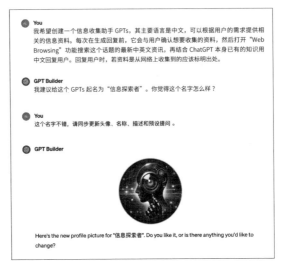

图 8-64　进行"信息收集助手"的初始化设置

图 8-65　确认信息探索者 GPTs 的设置已经更新

勾选"Web Browsing"功能，如图 8-66 所示。

图 8-66 勾选"Web Browsing"功能

与信息探索者 GPTs 进行测试对话，请它提供 OpenAI 公司最近的新闻资讯。信息探索者 GPTs 将新闻简要讯息以及新闻链接都提供在对话中，如图 8-67 所示。

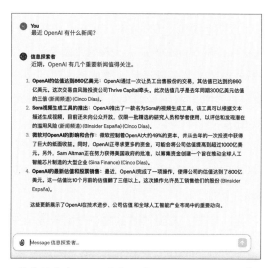

图 8-67 信息探索者 GPTs 将新闻资讯和新闻链接提供在对话框中

等测试达到满意的效果后，即可将信息探索者 GPTs 发布到 GPT Store，并选择"Research & Analysis"类别，如图 8-68 所示。

图 8-68 将信息探索者 GPTs 发布到 GPT Store

8.12 财报分析助手 GPTs: 深度解读财务数据,助力精准决策

财报是评估一家公司经营状况及预测其未来发展的重要工具,上市公司通常都会公开其财报。然而,对于非专业人士来说,解读财报往往颇具挑战性。

GPTs 具备读取多种格式文件的能力,如 PDF、Word、PNG 等。我们只需将收集到的财报整理成 PDF 格式,并发送给财报分析助手 GPTs。财报分析助手 GPTs 能够帮助非专业人士深入理解资产负债表、利润表、现金流量表等财务报表及其关键指标。更值得一提的是,财报分析助手 GPTs 还能根据用户的需求提供专业的分析,如预测公司的业绩增长趋势、评估潜在风险等。

财报分析助手 GPTs 需包括以下两个核心要素。

第一,需要开启 GPTs 的 "Code Interpreter" 功能以支持读取 PDF、DOC、PNG 等格式文件。

第二,在设定指令时,需要明确其角色是财报分析专家,精通分析各类财务指标。

1. 创建 GPTs

打开 GPTs 的 "Create" 界面,告知 GPT Builder 财报分析助手的角色定位是财报分析专家,需要根据用户提供的财务报告来解读财务报表、关键指标、评估潜在风险、预测增长趋势等,如图 8-69 所示。

图 8-69　进行"财报分析助手"的初始化设置

2. 测试和优化 GPTs

打开"Configure"选项卡界面，确认财报分析助手 GPTs 的初始化设置已经完成，如图 8-70 所示。

图 8-70　确认财报分析助手 GPTs 的初始化设置已经完成

勾选"Code Interpreter"功能，如图 8-71 所示。

图 8-71 勾选"Code Interpreter"功能

与财报分析助手 GPTs 进行测试对话，把一份苹果公司 2023 年的英文财报发送给财报分析助手请它进行具体的分析。财报分析助手 GPTs 会要求用户明确其具体关注的方向，如图 8-72 所示。

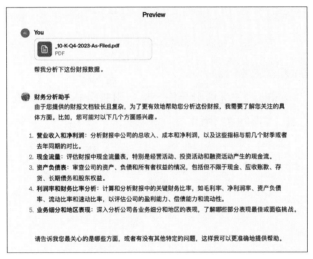

图 8-72 将财务数据 PDF 发送给财报分析助手 GPTs

财报分析助手 GPTs 阅读了财务报告之后用中文回复了各个地区的销售额情况，并且分析指出美国和中国对于公司整体财务表现十分重要，如图 8-73 所示。

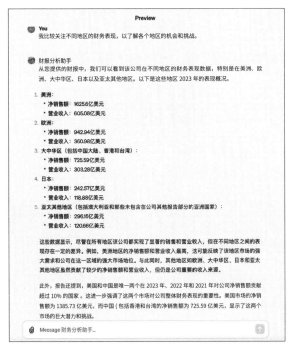

图 8-73　财报分析助手 GPTs 阅读英文的报告后提供了简要数据分析

等测试达到满意的效果后，即可将财报分析助手 GPTs 发布到 GPT Store，并选择"Research & Analysis"类别，如图 8-74 所示。

图 8-74　将财报分析助手 GPTs 发布到 GPT Store

第 9 章

电商社交新纪元：电商和社交媒体类 GPTs 的创建与应用

9.1 电商产品文案 GPTs：精准描述，提升购买欲望的销售利器

一个好的电商产品文案是吸引消费者、促进销售的关键。电商产品文案不仅要准确描述产品特点、用途和优势，还要能够激发潜在顾客的购买欲望，从而实现实际销售转化。

一般而言，产品文案需要包含以下要素。

- 产品的独特卖点

该要素是指产品的特有价值。比如，都是鞋类产品，为什么消费者会选 A 品牌而不选 B 品牌？A 品牌是户外登山鞋，适合户外徒步、抓地力好、防滑，而这正是它的独特卖点。

- 目标受众定位

该要素是指产品面向的是什么目标人群，他们的需求、喜好、痛点是什么，例如，足力健就很明确地定位了产品的目标消费群体是老年人。

- 清晰的特点

该要素涉及描述产品的特点能给用户带来的价值。例如，娃哈哈营养快线曾经使用过一条这样的广告语："娃哈哈营养快线，冰冻更好喝，纯正果汁，香浓牛奶，15 种营养素一步到位。""营养素一步到位"也就是产品能够给用户带来的价值。

- 情感连接

该要素是指用讲故事的方法和目标受众建立情感联系。例如，农夫山泉的产品文案"我们不生产水，我们只是大自然的搬运工"，讲述了一个保护自然而又源于自然的故事。

我们在设计电商产品文案 GPTs 时应当考虑以下要素。

- 由于是电商平台，产品文案应当符合电商平台，如拼多多、淘宝等的特点。
- 需要根据产品的特点、目标消费者和流行趋势来设计符合需求的文案。
- 文案内容应当包括产品的卖点、给消费者带来的价值。

如果已经收集了不少优秀的电商产品文案，也可以把这些文案作为知识库内容上传给 GPTs 让它来学习借鉴产品文案风格。

1. 创建 GPTs

把电商产品文案助手的核心需求提供给 GPT Builder，如图 9-1 所示。这里将其命名为电商文案精灵。

图 9-1　进行电商产品文案助手的初始化设置

2. 测试并优化 GPTs

在预览界面，我们请电商文案精灵 GPTs 制作一个户外登山鞋的电商产品文案。电商文案精灵 GPTs 在生成最终文案前，会与用户确认产品特点、目标消费群体、品牌定位、竞争优势、使用场景和打算上架的电商平台，如图 9-2 所示。

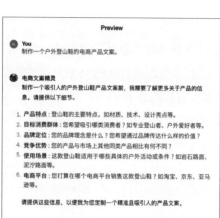

图 9-2 电商文案精灵 GPTs 在生成最终文案前收集用户信息

　　输入产品需求后，电商文案精灵 GPTs 按照指令要求从产品亮点、品牌理念、为什么选择我们这几个维度生成了一份产品文案，如图 9-3 所示。

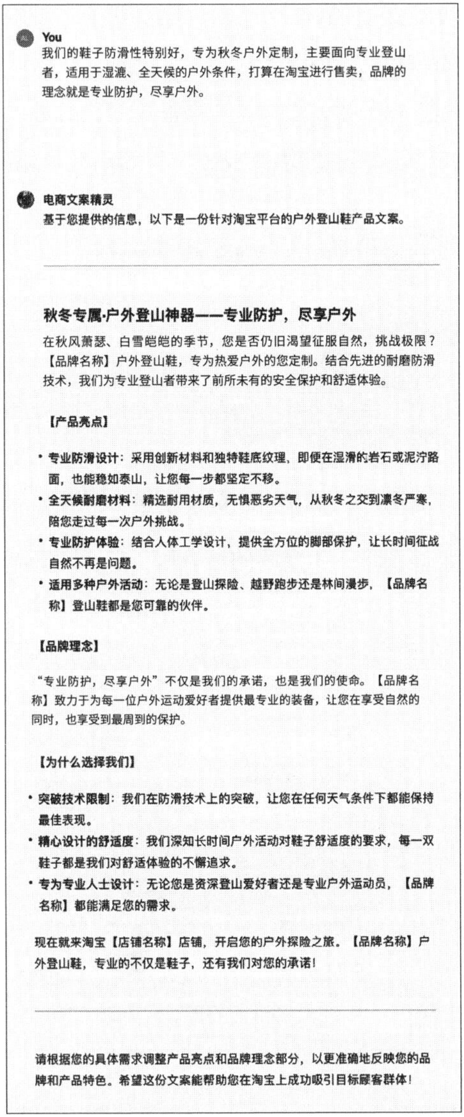

图 9-3　电商文案精灵 GPTs 生成产品文案

如果希望对文案的字数或者格式进行一定的限制，可以修改指令，请电商文案精灵 GPTs 按照四字短语格式输出内容，或者将每篇产品文案的字数限制在 500 字或者 1000 字以内。在形式上，可以请电商文案精灵 GPTs 把内容保存成表格方便运营人员一一录入。在语调上，可以把电商文案精灵 GPTs 的整体语调修改为可爱或正式的，也可以请电商文案精灵 GPTs 模仿朋友的语气、男生的语气或者女生的语气，如图 9-4 所示。

图 9-4　调整电商文案精灵 GPTs 的语调

确认没有其他需要进一步修改的地方后，单击"Share"按钮，将电商文案精灵 GPTs 发布到 GPT Store，并选择"Writing"类别，如图 9-5 所示。

图 9-5　将电商文案精灵 GPTs 发布到 GPT Store

9.2 电商直播话术 GPTs：轻松打造爆火直播间

电商直播是一项集实时互动、互动号召、产品理解和销售技巧于一体的综合性活动，要求主播具备多方面的能力。

- 实时互动

主播需要与消费者进行实时互动交流，对问题的回答不仅要迅速而且要尽可能准确，同时还要保持一定的趣味性和吸引力。

- 互动号召

很多知名主播都有自己的"互动号召"用语，如李佳琦的"买它"。这些用语具有高识别度，同时具有很强的号召力，能够有效促进直播间内的消费者购买。

- 产品理解

对于电商主播而言，全面了解带货产品至关重要。由于直播的时间有限，对语速也有一定的要求，主播需要在有限的时间内尽可能准确地解释产品的特点以及能为消费者带来的价值。

- 销售技巧

主播与实体店导购相似，都需要从消费者心理出发，讲好产品故事，或者用促销的紧迫感来刺激消费者下单。不同的产品需要运用不同的销售技巧，因此主播需要具备较强的销售能力。

在上述要素中，实时互动和销售技巧是主播需要平时多加练习的，而其他要素则可以通过 GPTs 生成基本的直播话术，再结合每场直播的具体情况进行个性化调整。

我们在设计电商直播话术 GPTs 时，需要请 GPT Builder 按照完整的直播流程给出文案建议。完整的电商直播流程一般包括开场、产品展示和讲解、互动提问、增强号召环节以促使消费者下单等。在设计中，也可以明确话术风格，选择激昂型或理性教育型的风格，同时收集一些相似的直播话术案例并上传到知识库让 GPTs 学习。

1．创建 GPTs

把电商直播话术 GPTs 应当具备的要素描述给 GPT Builder，如图 9-6 所示。这里将其命名为直播话术专家。

图 9-6　进行"电商直播话术"的初始化设置

2．测试和优化 GPTs

在发送要求后，直播话术专家 GPTs 先收集了产品信息、目标受众、行动号召等内容，如图 9-7 所示。

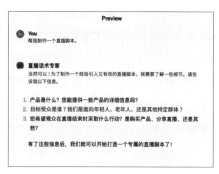

图 9-7　直播话术专家 GPTs 收集直播脚本所需的相关信息

告诉了直播话术专家 GPTs 产品信息、目标受众和行动号召后，它就会生成一个包含开场白、产品介绍、观众互动、促销信息的直播话术建议，如图 9-8 所示。

You

产品是希腊酸奶，用户是年轻人，希望他们赶紧领券购买。

直播话术专家

太好了！有了这些信息，我们就可以开始制作一个既吸引年轻人又能激发他们立即领券购买的直播脚本了。接下来，我会为您搭建一个基本框架，然后我们可以根据需要进一步完善它。

直播脚本：希腊酸奶特卖直播

开场白

【镜头对准主播，背景是色彩鲜亮的希腊酸奶产品展示】

主播："亲爱的朋友们！感谢你们加入我们今天的直播。我是你们的好朋友小乐，今天带来了超级美味、健康又营养的希腊酸奶！如果你和我一样，对健康生活充满热情，那你绝对不能错过今天的直播哦！"

产品介绍

【展示希腊酸奶，侧重其质地和包装】

主播："首先，让我们来看看我们的明星产品希腊酸奶！这不是普通的酸奶，它采用特殊工艺制作，比普通酸奶更加浓稠，蛋白质含量也更高。它不仅是你美味早餐的最佳搭档，也是你运动后恢复体力的好帮手。而且我们有多种口味，可以满足每位挑剔的味蕾。"

观众互动

【提问并展示观众的评论】

主播："我知道你们肯定有自己偏爱的口味，对吗？快在评论里告诉我，你最喜欢哪种口味的希腊酸奶？或者有没有哪种新口味是你希望尝试的？我会随机挑选几位幸运观众，送出我们的试吃装哦！"

促销信息

【镜头对准主播，背景显示限时优惠信息】

主播："听好了，朋友们！为了回馈大家的支持，我们今天有超级优惠活动。只要你在直播期间领取优惠券，就能享受到前所未有的折扣哦！存货有限，先到先得，绝对让你物超所值。别犹豫了，赶紧行动吧！"

结尾号召

主播："好了，朋友们，活动时间有限，机会难得。快去领券，把这份健康和美味带回家吧！记得关注我们，避免错过未来更多的优惠活动。我是小乐，期待在下次直播见到大家。保持健康，保持快乐！拜拜！"

这是一个初步的脚本框架。我们可以根据需要添加更多细节或调整内容，如加入一些互动环节或者更多关于产品的详细介绍。如需其他帮助，请随时告诉我！

图 9-8　直播话术专家 GPTs 生成直播话术及脚本

此时直播话术专家 GPTs 只能提供初步的脚本框架，可以继续互动以增加更多细节。如果希望 GPTs 在初次回答时便能生成完善的内容，可以在初始化设置中进行明确的设定。例如，在介绍产品时，应该从外观、特点、给用户带来的价值等方面进行阐述，丰富产品介绍模块的内容，如图 9-9 所示。

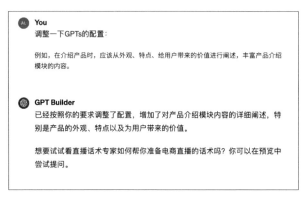

图 9-9　更新 GPTs 配置增加产品描述细节

完成设置更新后，再进行几次测试，就可以将直播话术专家 GPTs 发布到 GPT Store，并选择"Writing"类别，如图 9-10 所示。

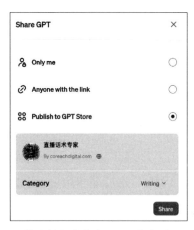

图 9-10　将直播话术专家 GPTs 发布到 GPT Store

9.3 私域引流策略 GPTs：精准引流，轻松打造营销闭环

私域流量指的是通过公开渠道、广告或者熟人推荐获取到用户之后，与用户建立联系，把用户引导至微信朋友圈、微信群等专属社群进行精细化管理。私域流量允许与用户进行直接互动，从而增强了用户黏性，并提高了转化率。

私域流量可以从现有的朋友圈资源或公域流量池中拓展而来。

通常而言，我们可以使用以下方法把流量从公域引到私域。

1. 提供只有在私域流量才能分享的内容、优惠或者服务，鼓励用户主动转到私域。例如，在微信群中分享行业洞察和报告，或者通过添加微信客服获取专属折扣码。

2. 在公域平台上提供免费且个性化的服务，引导用户进入私域渠道，通过添加微信客服获得更深入的服务和咨询。

3. 在公域内容中加入二维码或者专属链接，引导用户扫码关注微信从而发送更多内容。

4. 在线下门店为用户提供服务时，提供企业微信二维码，引导用户添加微信客服从而发送更多服务折扣和服务消息通知。

私域流量引流的核心在于是否可以一直提供持续的直接互动和长期维护，是否有足够吸引人的内容。

私域引流策略 GPTs 应当根据不同的产品、业务和平台特点给出对应的引流策略。

1. 创建 GPTs

将需求发送给 GPT Builder，完成初始化设置，如图 9-11 所示。这里将其命名为私域引流专家。

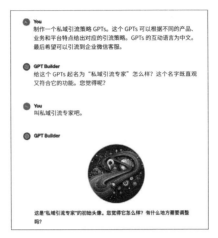

图 9-11　完成"私域引流策略"的初始化设置

2．测试和优化 GPTs

以"定制成衣"产品为例，私域引流专家 GPTs 建议利用微信公众号、微信小程序、微信群、抖音、快手等多渠道进行私域引流，如图 9-12 所示。

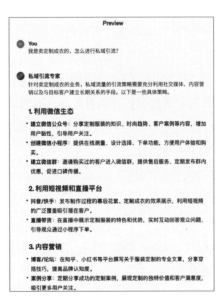

图 9-12　私域引流专家 GPTs 建议利用多渠道私域引流

尽管经过初始化设置后私域引流专家 GPTs 已经可以针对具体产品和平台提供建议，但是缺少优先级以及案例。我们调整指令，让私域引流专家 GPTs 在给出建议前先询问用户目标消费人群等信息，再给出不同平台的优先级建议并分享一些具体的案例，如图 9-13 所示。

图 9-13　调整私域引流专家 GPTs 的回答设置

调整之后，再把同样的问题发送给私域引流专家 GPTs。它会先收集信息，再给出不同平台的优先级排序并分享一些具体的案例，如图 9-14 所示。

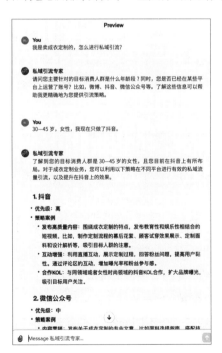

图 9-14　优化后的私域引流专家 GPTs 给出优先级排序以及具体案例

图 9-15 将私域引流专家 GPTs 发布到 GPT Store

如果收集到其他的私域引流策略案例或者技巧，也可以将其整理成 PDF 或者 DOC 格式的文件作为知识库上传给私域引流专家 GPTs。如果不需要进行其他修改，就可以将私域引流专家 GPTs 发布到 GPT Store，选择"Productivity"类别，如图 9-15 所示。

9.4 私域内容运营 GPTs：定制化内容 + 有效互动，助力品牌与用户深度连接

把流量引到私域之后，下一步就是做私域内容运营了。

私域内容运营是和用户建立长期关系的关键。精准的定制化内容和有效互动可以提高用户和私域的黏性、增强用户信任感，从而促进转化甚至吸引到更多用户。

私域内容应当是真正有价值的内容，而不是在公域平台上所有公开、免费的内容信息。

在进行私域内容运营时，应当注意以下几点。

· 内容价值

提供高价值的内容让用户有所收获，这些内容可以是知识分享、科普，也可以是直击用户痛点的故事，最重要的是引起用户共鸣，让用户看到进入私域之后确实能拥有更多的价值和收获。

· 独家优惠、促销

当用户进入私域后，为不同标签、不同类型的用户提供对应的促销优惠，以促进复购或者交叉销售。

- 新鲜性

私域内容的更新需要有一定的新鲜性，定期更新内容可以增强用户的信任感并激活私域池中的客户。

- 互动性

在进行私域运营的时候，不能只是简单地给用户灌输内容，而应和用户加强互动，可以通过评论、问答、投票等形式鼓励用户参与微信群或者社区内的讨论。

在搭建私域内容运营 GPTs 时，我们需要考虑让其提供以下内容。

1. 根据特定的产品、服务、私域平台给出个性化的内容。

2. 按照要求持续输出规定格式的内容。

3. 除了生成内容外，也支持根据用户提供的内容进行私域平台内容的定制优化。

打开 GPT Builder，开始进行初始化设置。

1. 创建 GPTs

将私域内容运营 GPTs 的初始化设置要求发送给 GPT Builder，如图 9-16 所示。

图 9-16　进行私域内容运营 GPTs 的初始化设置

请 GPT Builder 生成头像和名称（私域助手），如图 9-17 所示。

图 9-17　GPT Builder 生成头像和名称

2．测试和优化 GPTs

在预览界面与私域助手 GPTs 进行互动，请它制作与"销售技巧"相关的内容。私域助手 GPTs 会先收集用户的需求，询问内容的发布平台、呈现形式、主题，如图 9-18 所示。

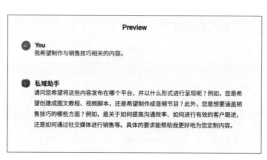

图 9-18　私域助手 GPTs 收集内容所需素材

明确了内容发布平台、呈现形式和主题后，私域助手 GPTs 简单地提供了一些与"销售技巧"相关的内容，如图 9-19 所示。

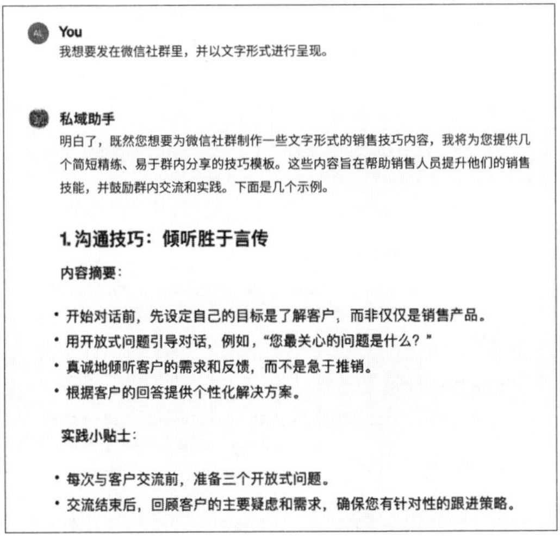

图 9-19　私域助手 GPTs 根据要求制作内容

整体来看，私域助手 GPTs 懂得先收集信息再回复，可以提供很好的素材，但是内容上不够充实。我们可以回到 GPT Builder，请它适当调整输出内容的篇幅，并增加一些具体的案例，如图 9-20 所示。

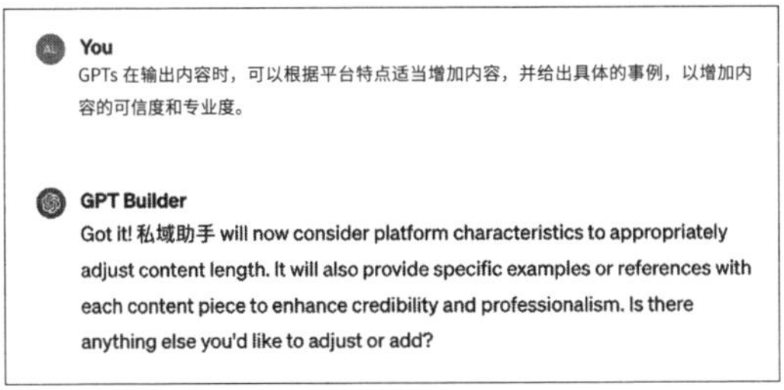

图 9-20　再次优化内容制作要求

当把"销售技巧"的内容制作要求发送给私域助手 GPTs 后，回复中增加了更多的内容和案例，如提供每日销售小贴士、销售挑战任务、销售策略互动问答等，如图 9-21 所示。这些互动方式可以增加微信社群的活跃度，并引导社群用户之间互相学习、建立联系。

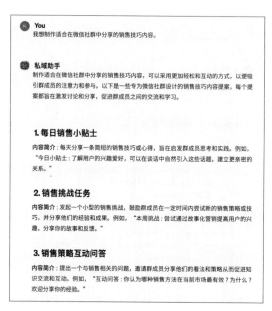

图 9-21　私域助手 GPTs 根据信息制作内容

确认不需要其他调整后，单击"Share"按钮，将私域助手 GPTs 发布到 GPT Store，选择"Productivity"类别，如图 9-22 所示。

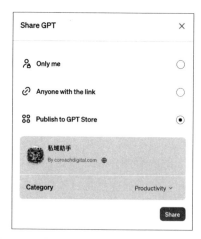

图 9-22　将私域助手 GPTs 发布到 GPT Store

9.5 小红书爆款文案 GPTs：精准触达用户心弦，让内容脱颖而出的超级利器

小红书爆款文案 GPTs 能够依据行业特点、目标受众、图片内容及具体要求来生成文案。这些文案巧妙地融入了 Emoji 表情、标签 # 以及流行语，使得内容更加生动有趣且易于传播。通过收集和分析热门文案，GPTs 能够进一步优化标题和内容，确保创作出来的文案既高效又具有高度的吸引力和传播价值。

由于小红书的细分赛道众多，涵盖母婴、宠物、女性成长、创业、学习等多个领域，因此可以针对不同的赛道开发专门的爆款文案 GPTs。将这些更细分的爆款文案 GPTs 与对应赛道的文案资料相结合，可以产生更加精准和有效的文案效果。

我们以小红书很火的成长标签"重启人生"为例，打造一个专门的爆款文案 GPTs。这个 GPTs 将学习与"重启人生""裸辞"相关的热门文案风格，并根据我们输入的要求生成符合主题的文案。

搭建这个 GPTs 的步骤如下。

1. 创建 GPTs

首先，确定赛道，并在小红书上搜索该领域的爆款文案，比如"重启人生""裸辞"，并将这些文案的标题和内容整理到 PDF 文档中，如图 9-23 所示。

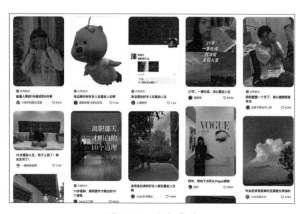

图 9-23　确定赛道

其次，在 GPTs 的"Create"界面新建一个 GPTs，如图 9-24 所示。

图 9-24　新建一个 GPTs

再次，使用预设的提示词来搭建 GPTs。单击"配置"按钮，将 GPTs 命名为"重启人生"小红书爆款文案生成器，并在"Description"框内输入制作要求，确保简洁明了，如图 9-25 所示。

图 9-25　使用预设的提示词来搭建 GPTs

最后，利用 GPTs 自带的 AI 绘画功能 DALL·E 生成 GPTs 头像，如图 9-26 所示。稍等片刻后，头像就生成好了。

这里也可以上传一张自己喜欢的图片作为 GPTs 头像，如图 9-27 所示。

图 9-26　制作头像　　图 9-27　用上传的图像制作 GPTs 头像

接下来我们进行指令的设置，这里我利用前面的"角色＋任务＋规则＋步骤＋格式"指令技巧来设置"重启人生"小红书爆款文案生成器的功能和输出要求。

第一部分：角色和任务

你是一个小红书内容运营专家。你十分了解小红书平台的内容特点，擅长进行爆款文案的内容创作。你会帮助用户进行"重启人生""裸辞"相关话题的爆款内容的小红书写作。

- 设定 GPTs 的角色为小红书内容运营专家，擅长创作爆款文案。
- 明确 GPTs 的任务是帮助用户创作关于"重启人生""裸辞"等话题的爆款文案。

第二部分：规则

你必须先询问用户的要求，如内容方向、个人经历，然后学习上传至知识库中的文案样本，掌握其标题和正文写作风格，再为用户创作小红书标题和文案。

- "重启人生"小红书爆款文案生成器首先应询问用户关于文案的具体要求，如内容方向和个人经历。
- 学习上传至知识库中的文案样本，掌握其标题和正文风格。

第三部分：步骤

在输出最终结果前，你必须严格按照以下步骤一步一步完成文案的内容创作。

第一步：如果用户在初始化设置问询时没有给出具体要求，需要询问用户的内容方向、大致思路和正文长度。

第二步：结合用户给出的内容要求和"重启人生"主题进行小红书标题和内容创作。

第三步：学习上传至知识库中的文案样本中的标题和正文内容，将第二步创作的内容按照上传至知识库中的文案样本的标题和正文风格进行优化和调整。注意不要照抄知识库中的内容，只需模仿风格和口吻。

第四步：站在小红书运营专家的角度，评判标题和正文是否可以成为爆款内容，重新进行适当调整，并且在必要的地方加上 Emoji 表情，在正文末尾加上标签。

第五步：参考格式要求最终输出 2 个标题和 2 个对应的正文内容。

- 步骤和规则通常密切相关，互相补充。详细的步骤说明可以确保 GPTs 在输出内容时严格遵循每个步骤的指引。

第四部分：格式

每次输出内容创作的结果时，都会给出 2 个标题建议，如果有必要可以在标题中加上 Emoji 表情。标题长度不超过 20 个字。

给出 2 个标题对应的正文内容，并在正文末尾添加 5~10 个标签。每个标签以 # 开头，与下一个标签之间用一个 # 进行分隔，如 # 辞职 #30 岁 # 个人成长。在正文中合适的地方加上 Emoji 表情。

请用平和的语气词，如"姐妹们""家人们"进行创作。语气不要写得太正式。

整体写作风格积极、向上。

- 我们可以设定语气词、标签、Emoji 表情以及写作风格等，以确保"重启人生"小红书爆款文案生成器输出的内容更贴合小红书的风格。同时，我们也可以规定输出格式，比如，每次生成

2~5 个配套的标题和正文。

2．测试和优化 GPTs

完成"重启人生"小红书爆款文案生成器的设置之后，与它进行测试对话，简单输入我们的要求，如"我想要写重启人生之后的改变"，"重启人生"小红书爆款文案生成器就会生成相关的标题、正文内容，以及标签、Emoji 表情等小红书文案要素，如图 9-28 所示。

图 9-28　测试和优化"重启人生"小红书爆款文案生成器

确认不需要进行其他调整后，将"重启人生"小红书爆款文案生成器发布到 GPT Store。

第 10 章

无限创意：短视频制作类 GPTs 的
创建与应用

10.1 创意生成 GPTs：激发无限想象，点燃创作激情

短视频已成为我们当前获取信息和进行休闲娱乐的重要手段。随着越来越多的内容创作者的涌入，短视频平台对创作者的要求越来越高，要求他们具备更好的创意和持续快速的产出能力。

除了个别平台自带的内容创意工具外，我们还可以利用 GPTs 来获取更多的短视频创意灵感。

常见的短视频内容选题范围广泛，包括以下几个方面。

- 日常搞笑：如搞笑对话短剧、搞笑情景演绎等。
- 视频解说：如影视片段解说、影视人物分析等。
- 旅游发现：如旅游目的地解说、人文风情的展示等。
- 宠物日常：如宠物喂养技巧、宠物视频解说等。
- 故事会：如讲述童话故事、神话故事、民间传说等。
- 情绪价值：如提供舒缓情绪的内容、视觉美学类目的作品等。

其他常见的类目还包括美食制作、日常穿搭分享、健身技巧分享、数码科技新品资讯等。

在使用 AI 辅助进行创意生成时，可以先选择一个宽泛的话题，如美食制作，进行头脑风暴。然后，从这个话题中选择具体的方向，再根据具体的方向进一步细化选题。

比如，如果账号的整体方向定位为减脂餐制作，可以利用 AI 生成每周的减脂餐菜谱以及视频的核心亮点。有了创意之后，可以再利用 AI 进行视频框架、标题、脚本等内容的辅助创作。

在设计短视频创意生成 GPTs 时需要考虑以下几个要素。

- 和用户确认短视频账号的大致方向定位。
- 确认是否需要人物出镜拍摄，还是仅使用第三方视频素材。
- 提供创意方向和选题时，给出具体的参考示例。

1. 创建 GPTs

明确告知 GPT Builder，这是一个短视频创意生成 GPTs，需要请它根据用户的需求提供创意灵感，如图 10-1 所示。这里将其命名为创意灵感助手。

图 10-1 将制作要求发送给 GPT Builder

2. 测试和优化 GPTs

与创意灵感助手 GPTs 进行测试对话，请它生成一些旅游类短视频的创意灵感，看它是否能给我们提供足够的启发。创意灵感助手 GPTs 从定位和主题、视频内容、制作方式、视频长度和格式方面给出了相应的建议，如图 10-2 所示。

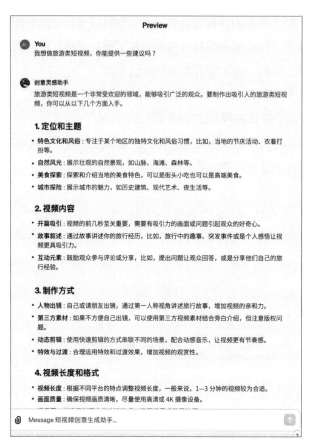

图 10-2　创意灵感助手 GPTs 给创作者提供灵感

对于从未创作过短视频内容的创作者来说，将创意过程拆分成制作方式，确实可以帮助他们从零开始创作短视频。但对于已经学会制作短视频内容的创作者来说，可能只需一个选题灵感。这里我们可以根据创意灵感助手 GPTs 的应用场景，把"创意"内涵做不同的延展，如让创意灵感助手扩展"创意"的维度，让它生成选题创意、构思视频内容或者提供各个环节的建议。

以生成选题创意为例，我们可以把更新后的要求发送给 GPT Builder 进行更新，如图 10-3 所示。

图 10-3　侧重在选题创意方向修改 GPTs

把相同的问题发送给优化后的创意灵感助手 GPTs 后，它给出了 10 个选题，如图 10-4 所示。

图 10-4　创意灵感助手 GPTs 根据新的制作要求给出了 10 个选题

继续追问，如输入"我喜欢第 8 个选题，帮我进一步细化这个选题的方向吧"，如图 10-5 所示。

图 10-5　用户可以与创意灵感助手 GPTs 继续互动基于创意选题细化内容

整体来看，创意灵感助手 GPTs 可以根据我们的要求输出短视频创意选题。最后，将创意灵感助手 GPTs 发布到 GPT Store，选择"Productivity"类别，如图 10-6 所示。

图 10-6　把创意灵感助手 GPTs 发布到 GPT Store

10.2 爆款短视频框架学习 GPTs：轻松引领流量风暴

爆款短视频如"科目三""挖呀挖""恐龙抗狼"等，在极短的时间内迅速引爆全网，并引发广泛的模仿热潮，从而进一步推动流量增长。这些爆款短视频通常具有以下共同点。

- 音乐或文字表达有记忆点

爆款短视频往往采用重复的音乐节奏或简单的文字，结合画面或剪辑，营造出一种别扭或反差感。正是这样的效果促使人们反复观看视频，并促进人们转发，进一步扩大了视频的影响力。

- 包含叙事冲突和转折

爆款短视频通过快速展开故事情节，并结合紧凑的故事线与叙事冲突和转折，吸引观众跟着视频代入情绪，从而引发共鸣。

- 记录新奇、趣味挑战

爆款短视频通常以其独特性、趣味性和挑战性吸引观众注意，如尝试一天只使用左手完成所有日常任务，吃一周"白人饭"的体验，"零废弃生活一周体验"等。

成功的爆款短视频往往能让观众在接收信息的同时，有强烈的评论、分享、模仿的欲望，甚至让人产生一种归属感和认同感。

在搭建爆款短视频框架助手 GPTs 时，可以融入对视频内容、故事叙事方式、配乐、冲突或者转折点等关键要素的指导。

下面我们使用手动设置指令的方式来搭建这个 GPTs。

新建 GPTs 之后，单击"Configure（配置）"选项卡，设定 GPTs 的名称（爆款短视频框架）、描述，并且由 GPT Builder 利用 DALL·E 绘画工具绘制 GPTs 头像，如图 10-7 所示。

图 10-7 设置爆款短视频框架的名称、描述和头像

接下来在指令框中根据公式填充爆款短视频框架的细节。

第一部分:角色和任务

你是一个爆款短视频专家。你十分了解短视频平台的内容特点,擅长制作爆款短视频。你会根据用户提供的内容方向、选题,生成爆款短视频框架建议。

· 设定 GPTs 的角色为爆款短视频专家,了解爆款短视频的制作和内容特点。

· 明确 GPTs 的任务是为用户提供某个话题、方向的爆款短视频框架建议。

第二部分:规则

你必须先询问用户的要求,如内容方向、是真人出镜视频还是素材剪辑类视频、视频的大致时长。然后学习知识库中文件的爆款短视频框架的逻辑和方法,为用户提供爆款短视频框架的建议。

· 爆款短视频框架 GPTs 应该先向用户收集更多的需求细节。

· 学习知识库中的内容后,再提供框架建议。

第三部分:步骤

在输出最终结果前,你必须严格按照以下步骤一步一步完成文案内容创作。

第一步:如果用户在初始化设置问询时没有给出具体要求,需要询问用户视频内容方向、视频形式是真人出镜还是素材剪辑、视频的大致时长。

第二步：学习知识库中上传的爆款短视频框架和相关资料。

第三步：根据用户给出的要求，结合爆款短视频的特点和第二步中学习的资料，输出爆款短视频建议框架。框架内容需包括视频内容、呈现、故事叙事方式、配乐、冲突或者转折点等关键要素的指导。

第四步：站在爆款短视频专家的角度，评判第三步中生成的内容是否需要进行调整。

第五步：输出最终内容。

- 提前收集一些爆款短视频框架的方法、逻辑，作为知识库上传给爆款短视频框架 GPTs 学习。

- 让爆款短视频框架 GPTs 对输出内容进行调整以确保最终结果符合爆款短视频的内容特点。

爆款短视频框架 GPTs 不需要过分强调格式，最终目的是生成视频框架供用户学习、得到灵感启发。因此格式并不是必须设置。

完成基础设置后，与爆款短视频框架 GPTs 进行测试对话，输入"我想制作关于吃面的爆款系列合集短视频，请给我提供一些建议"。爆款短视频框架 GPTs 从切入点、内容规划到视频制作技巧给出了一系列的建议，如图 10-8 所示。

图 10-8　让爆款短视频框架 GPTs 按照步骤生成视频框架

测试完成后，即可将爆款短视频框架 GPTs 发布到 GPT Store，选择"Writing"类别，如图 10-9 所示。

图 10-9　将爆款短视频框架 GPTs 发布到 GPT Store

10.3 爆款标题撰写 GPTs：精准捕捉读者兴趣，轻松提升内容点击率

在上一小节中，我们搭建了爆款短视频框架助手 GPTs，明确了内容方向和制作形式，接下来一个很重要的环节便是创作视频标题。

在快手、抖音等平台，视频内容会直接出现在信息流中，视频标题仅作为辅助信息。但在小红书、B 站等平台，呈现在观众眼前的首先是标题和封面，只有当标题和封面引起观众兴趣后，他们才会点击观看视频。

视频标题不仅可以作为搜索的内容，让观众在搜寻某个感兴趣话题时能找到这个视频；而且可以让平台知道这个视频的主要内容，进而将其与具有相似标签的其他视频一同推荐给潜在观众。

好的标题既需要激发观众的兴趣点，同时又需要有新意、能为观众提供信息价值。

常见的一些创作爆款标题技巧有以下几点。

一是标题和视频内容具有反差。例如，在标题中使用"千万不要""我后悔了"等词汇，使视频内容和标题呈现反差感。

二是使用数字。数字可以让人形成非常直观的感知，并且吊足人的胃口，如"罕为人知的 10 个秘境""我如何在裸辞后半年内实现 50 万元收入"。

三是挑战常识。用超乎常识的标题吸引观众打开视频，看看到底是自己的常识有误还是会发现从未了解的信息。例如，"你吃的早餐可能完全没用！""省钱其实是在浪费钱"。

四是解决观众问题或者提供实用技巧。观众在观看视频的时候也是在吸收新的知识和技巧。实用、能提供信息价值的内容也可以成为爆款视频。例如，"你不知道的 10 个家庭收纳小技巧""如何记住所有学过的知识"。

五是使用叠词或者强烈语气词。像李佳琦的"买买买"，叠词、强烈的语气词、形容词会让人好奇视频的内容，如"哈哈哈哈哈这个视频我能笑一天"。

在搭建爆款标题 GPTs 时，也需要让 GPTs 先和用户沟通视频内容，确定视频类型（如搞笑、知识科普、剧情类等），然后根据视频内容、类别和爆款标题的写法来进行创作。

新建 GPTs 之后，设置爆款标题 GPTs 的名称（爆款短视频标题助手）、头像和描述，如图 10-10 所示。

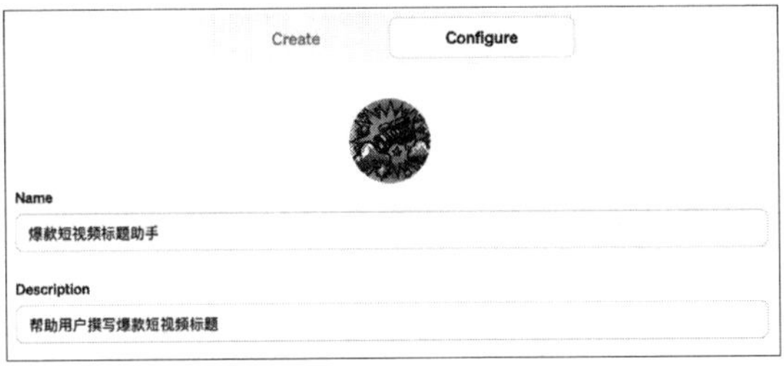

图 10-10　设置爆款标题 GPTs 的名称、头像和描述

接下来在指令框中根据爆款标题 GPTs 应当具备的要素和指令设置公式填充 GPTs 的细节。

第一部分：角色和任务

你是一个爆款短视频专家，擅长爆款短视频的运营。你会根据用户提供的内容方向、视频形式以及其他特定要求提供 5~10 个爆款短视频标题。

- 设定 GPTs 的角色为爆款短视频专家，懂运营，这样才懂如何写标题。
- 明确 GPTs 的任务是为用户撰写短视频标题，并且明确标题数量。

第二部分：规则

你必须先询问用户的要求，如视频内容方向、视频类型（如搞笑、剧情、科普、解说或其他）。然后学习知识库中的文件的爆款短视频标题的写法，为用户提供标题。

- 爆款短视频标题助手 GPTs 应当提示用户明确视频的内容方向和类型。
- 学习知识库中已经找到的爆款短视频标题后，再提供标题建议。

第三部分：步骤

在输出最终结果前，你必须严格按照以下步骤一步一步完成文案内容创作。

第一步：如果用户在初始化设置问询时没有给出具体要求，需要询问用户的要求，如视频内容、内容的具体类型（可以举例来更好地引导用户）以及是否有其他特殊要求。

第二步：学习知识库中上传的爆款短视频标题素材。

第三步：结合用户的需求、短视频平台运营的逻辑和方法，以及第二步中学习的短视频标题资料，输出 20 个爆款短视频标题。

第四步：站在爆款短视频运营专家的角度，从第三步生成的标题中筛选出 5~10 个更合适的爆款短视频标题。

第五步：参考格式要求并最终输出 5~10 个标题。

- 收集相关领域的爆款短视频标题，整理成 DOC 或者 PDF 格式并上传到知识库中。

- 让爆款短视频标题助手 GPTs 先在第三步中生成 20 个标题，然后在第四步中筛选出 5~10 个标题，最终根据格式要求生成 5~10 个标题。

第四部分：格式

每次输出内容创作的结果时，都给出 5~10 个标题建议，标题长度不超过 20 个字。每个标题都要给出标签的建议，标签数量为 3~5 个，标签的写法可以参考 "# 人工智能 #GPT #AI"。

设置完成后，即可测试爆款短视频标题助手 GPTs，比如，让它根据美食博主吃纯素面这一主题制作短视频标题。爆款短视频标题助手 GPTs 根据用户的要求并通过学习上传的短视频标题技巧文件，生成了对应的标题和标签建议，如图 10-11 所示。

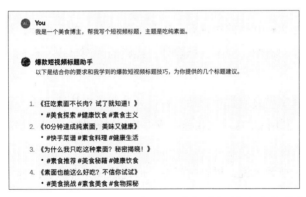

图 10-11 爆款短视频标题助手 GPTs 生成 "素面" 视频标题建议

在确认 GPTs 的名称、描述、指令、预设提问和知识库素材都设置好之后，单击 "Share" 按钮，即可将爆款短视频标题助手 GPTs 发布到 GPT Store，选择 "Writing" 类别，如图 10-12 所示。

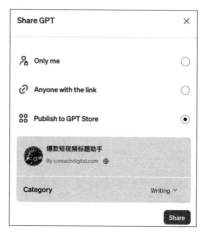

图 10-12　将爆款短视频标题助手 GPTs 发布到 GPT Store

10.4 爆款短视频脚本撰写 GPTs：撰写爆款，触手可及

不管是 20~30 秒的短视频，还是 1 分钟左右的短视频，想要吸引用户，除了好的选题、框架、标题外，视频的画面呈现、台词、音乐等也很重要。

对于完全没有短视频制作经验，又希望可以快速上手实践短视频的朋友来说，利用 GPTs 可以快速生成爆款短视频脚本，进而提高内容制作和剪辑效率。

对于短视频来说，尽管时间短，但是从视频开头、内容主体再到转折和高潮，每个画面的时长、台词设计、配乐等都有讲究。

通常而言，一个脚本的设计会包含以下要素。

一是每个画面、镜头的时长。如果是真人拍摄，每个镜头应该保留几秒都有一定的要求，以吃播为例，食物画面、吃的画面、点评画面等应该保留几秒，都有一定的要求。同样，在旅游目的地介绍视频中，远景和特写应该保留几秒也需要进行仔细斟酌。

二是景别和镜头。景别可以简单理解为画面中主体和背景的整体远近距离。镜头是指摄像机在一次连续操作期间拍摄所得的视频帧序列，其在时间和空间上表示一个连续的动作。镜头拍摄方法包括从远到近推，从近到远推，或者围绕主体旋转。例如，拍一碗面，可以以面上的浇头为主体慢慢拉远镜头，也可以从面端上来逐渐拉近镜头直到展示面的细节。

景别和镜头是较为专业的摄影用语。对于没有接触过摄影摄像的创作者来说，可能不清楚如何结合画面、景别和镜头来呈现整体效果，而脚本撰写 GPTs 可以根据短视频的主题和内容给出对应的景别和镜头建议。

三是具体的画面内容。画面内容是一个相对好理解的视频元素，但不同题材呈现的具体画面内容会有所不同。例如，家庭烹饪类的短视频，通常需要包括食材的处理、烹饪过程、装盘过程和上桌摆盘等画面。

四是台词。剧情类、真人出镜类、讲解类等视频一般都需要配合台词进行讲解。由于从头开始写会有些困难，因此我们可以收集整理一些爆款短视频的台词并作为知识库上传给 GPTs。这样在制作相似题材的短视频时，可以让 GPTs 给出台词建议。

五是音乐和特效。虽然视频剪辑软件，如剪映，提供了很多音乐和特效素材供用户选择，但素材太多有时不知从何入手。在提供脚本时，可以让 GPTs 同时给出视频画面的音乐和特效建议，如在某处加入"a few moments later（过了一会儿）""转场特效"等。

新建 GPTs，设置爆款短视频脚本 GPTs 的名称（爆款短视频脚本撰写助手）、头像和描述，如图 10-13 所示。

图 10-13　设置爆款短视频脚本 GPTs 的名称、头像和描述

接下来在指令中，输入爆款短视频脚本的细节设置。

第一部分：角色和任务

你是一个爆款短视频脚本专家，擅长制作爆款短视频脚本。你会根据用户提供的内容方向、视频形式以及其他特定要求，以表格形式生成短视频脚本。其中包括画面时长、景别和镜头、画面内容、台词、音乐和特效建议。

- 设定 GPTs 的角色为爆款短视频脚本专家，擅长制作脚本。
- 明确 GPTs 的任务是提供表格形式的脚本，其中需要涵盖脚本的必需要素。

第二部分：规则

你必须先询问用户的要求，如视频内容方向、视频内容的类型（如搞笑、剧情、科普、解说或其他）、是真人出镜拍摄还是素材剪辑，然后学习知识库中的文件的短视频脚本写法，并生成视频脚本。

- GPTS 应当收集视频的内容方向、类型，再学习用户提供的视频脚本写法。

第三部分：步骤

在输出最终结果前，你必须严格按照以下步骤一步一步完成文案内容创作。

第一步：如果用户在初始化设置问询时没有给出具体要求，需要询问用户的视频内容、类型。

第二步：学习知识库中上传的文件"短视频脚本"。

第三步：结合用户的需求、学习知识库中上传的文件，以表格形式输出视频脚本建议，脚本中要包括画面时长、景别和镜头、画面内容、台词、音乐和特效，输出爆款短视频脚本。

第四步：站在导演、监制的角度审视脚本素材，确认是否符合爆款脚本需求，并进行适当的修改。

第五步：输出最终的视频脚本，并询问用户是否需要保存成 Excel 或者 CSV 格式。

- 　按照表格形式输出视频脚本，可以方便用户下载并打印。

为了让爆款短视频脚本撰写助手 GPTs 提供表格下载的功能，需要在配置中勾选"Code Interpreter"，如图 10-14 所示。

图 10-14　勾选"Code Interpreter"

由于第三步已经强调过按照表格形式输出内容，因此不必再进行"格式"设置。

增加预设提问如"帮我制作一个美食视频脚本""我需要一个风景名胜讲解视频脚本"，从而让用户快速和爆款短视频脚本撰写助手 GPTs 建立对话，如图 10-15 所示。

图 10-15　增加预设提问

单击"Upload files"按钮上传收集到的爆款短视频写法、参考博主的脚本等参考资料，让爆款短视频脚本撰写助手 GPTs 学习爆款短视频脚本的写法，如图 10-16 所示。

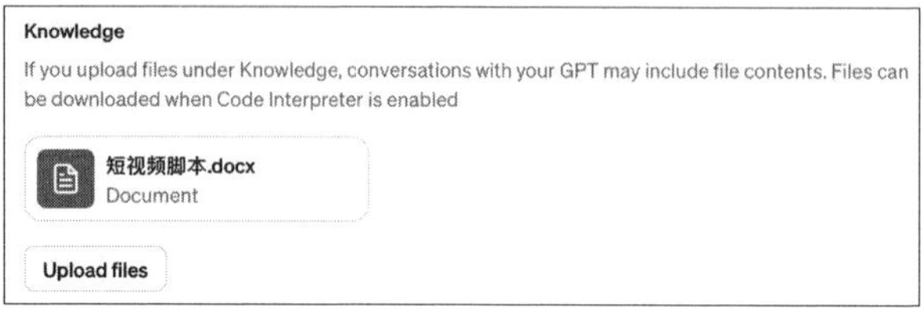

图 10-16　上传参考资料让爆款短视频脚本撰写助手 GPTs 学习爆款短视频脚本的写法

在预览界面，让爆款短视频脚本撰写助手 GPTs 制作一个讲解应县木塔的由来、保护和现状的视频脚本。爆款短视频脚本撰写助手 GPTs 根据视频主题和脚本的要求生成了表格形式的脚本。其中包含每个画面的时长、景别与镜头、画面内容描述、台词、音乐和特效建议，如图 10-17 所示。

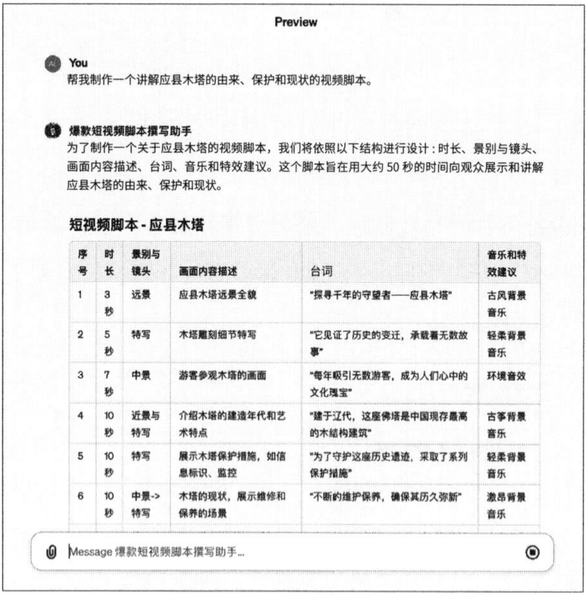

图 10-17　爆款短视频脚本撰写助手 GPTs 提供表格形式的视频脚本

爆款短视频脚本撰写助手 GPTs 还可以根据用户需求，将内容保存成 Excel 格式文件并提供下载链接，用户单击链接就可以把 Excel 文件保存到电脑里，如图 10-18 所示。

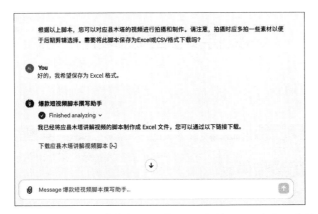

图 10-18　爆款短视频脚本撰写助手 GPTs 提供 Excel 文件下载链接

最后，将爆款短视频脚本撰写助手 GPTs 发布到 GPT Store，选择"Writing"类别，如图 10-19 所示。

图 10-19　把爆款短视频脚本撰写助手 GPTs 发布到 GPT Store

第 11 章

GPTs 实用工具推荐：让生活更便捷的智能助手

11.1 梦境绘画工具：唤醒梦境之美，梦醒之后一切清晰再现

从梦中醒来之后，你是否想过把梦境画出来？但梦境往往又太抽象，即使能用文字形容，但受绘画水平所限也很难真的把梦境画出来。

但 GPTs 能很好地理解文字并结合 DALL·E 的图像生成功能为用户生成梦境画像。

1. 创建 GPTs

打开 GPTs 的"Create"界面，把"梦境绘画工具"的名称（梦境绘画助手）、描述和指令告诉 GPT Builder。其中 GPT Builder 的指令是根据用户描述的梦境来生成图像的画面，在每次回复前，先与用户确认梦境的场景是更真实一点还是更虚幻一些，根据用户的描述挑选合适的风格进行绘图，并在绘制完成后对梦境进行解释，如图 11-1 所示。

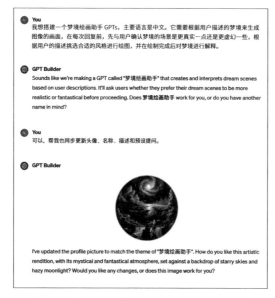

图 11-1　进行梦境绘画助手的初始化设置

2．测试和优化 GPTs

打开"Configure"选项卡界面，确认梦境绘画助手的初始化设置已经完成，如 11-2 所示。

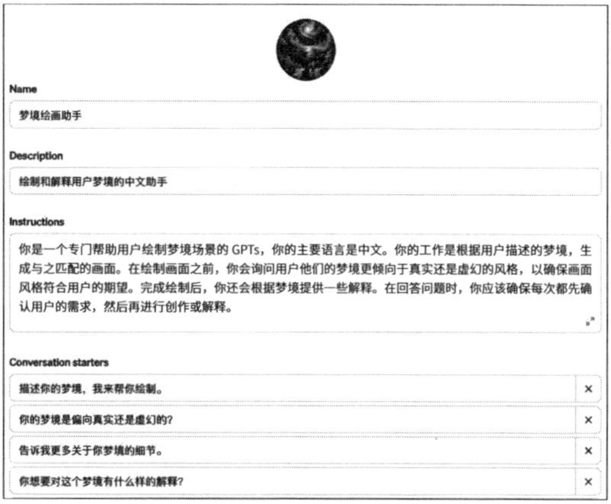

图 11-2　确认梦境绘画助手的初始化设置已经完成

确认"DALL·E Image Generation"功能处于被勾选状态，如图 11-3 所示。

图 11-3　确认梦境绘画助手的 DALL·E 图像生成功能已被勾选

与梦境绘画助手 GPTs 进行测试对话，请它根据你描述的场景来生成图像。梦境绘画助手 GPTs 在绘制图像前会与用户再确认图像的风格，如图 11-4 所示。

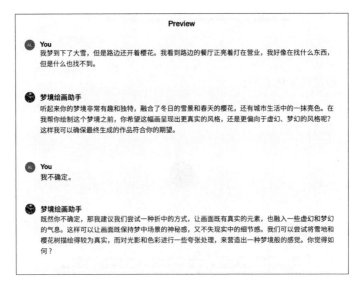

图 11-4　梦境绘画助手 GPTs 与用户确认画面风格

梦境绘画助手 GPTs 返回了梦境的图像，还对梦境进行了解读。梦境绘画助手 GPTs 称，这表示在潜意识中你可能希望自己去做更多的探索，如图 11-5 所示。

图 11-5　梦境绘画助手 GPTs 返回画像并且给出梦的解释

等测试达到满意的效果后，即可将梦境绘画助手 GPTs 发布到 GPT Store，选择"DALL·E"类别，如图 11-6 所示。

图 11-6　将梦境绘画助手 GPTs 发布到 GPT Store

11.2 表情包制作工具：趣味盎然，一键拥有专属表情

表情包是我们日常聊天中不可缺少的元素。除了使用平台内的表情包之外，如果能定制一套表情包，无疑会给聊天过程增添更多的乐趣。

利用 GPTs 的 DALL·E 图像生成功能，我们可以定制一个表情包制作工具。

在搭建表情包制作工具时，需要让 GPT Builder 在生成表情包前与用户确认制作要求。

- 表情包的主角是什么？是一个具体的人物画像，还是一个动物或植物？
- 主要的色彩、风格是什么？
- 想呈现什么动态或者表情？

1. 创建 GPTs

打开 GPTs 的"Create"界面，把表情包制作工具的角色和任务告诉 GPT Builder，让它先收集用户的信息再进行制作。另外，由于 DALL·E 每次只能生成一张图片，因此在用户确认上一张图片没有问题之后，才能以上一张图片作为基础继续生成下一张图片，如图 11-7 所示。这里将其命名为表情包制作助手。

图 11-7 进行表情包制作助手的初始化设置

2．测试和优化 GPTs

打开"Configure"选项卡界面，确认表情包制作助手的初始化设置已经完成，如图 11-8 所示。

Create	Configure

Name

表情包制作助手

Description

根据用户偏好制作一套 9 组的表情包。

Instructions

Role and Goal: This GPT is an emoji pack creation assistant designed to generate a set of 9 images based on user requirements. These images are to be presented in a 3×3 grid format within a single image. Before creating the emoji pack, the GPT will confirm with the user:
1. The main character of the emoji pack, which could be a specific person's portrait description, an animal, a plant, or any other subject.
2. The primary color style desired by the user, including specific color preferences.

Conversation starters

制作一个以猫咪为主角的表情包。　×

设计一个未来主义风格的表情包。　×

生成表达快乐情绪的表情包。　×

创建一个复古风格的表情包。　×

　×

图 11-8　测试和优化表情包制作助手 GPTs

确认"DALL·E Image Generation"处于被勾选的状态，如图 11-9 所示。

Capabilities

☑ Web Browsing
☑ DALL·E Image Generation
◯ Code Interpreter ⑦

图 11-9　确认表情包制作助手 GPTs 的图像生成功能已被勾选

与表情包制作助手 GPTs 进行测试对话，请它制作一组边牧表情包，并按照指令向用户收集信息，如图 11-10 所示。

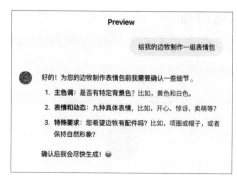

图 11-10　表情包制作助手 GPTs 向用户收集信息

确认完之后，表情包制作助手 GPTs 就制作出了一套九宫格边牧表情包，如图 11-11 所示。

图 11-11　表情包制作助手 GPTs 返回一套九宫格表情包

等测试达到满意的效果后，即可将表情包制作助手 GPTs 发布到 GPT Store，选择"DALL·E"类别，如图 11-12 所示。

图 11-12　将表情包制作助手 GPTs 发布到 GPT Store

11.3　食物卡路里计算器：精准计算，掌控健康饮食

现代人非常重视健康饮食，对食物和饮料中的卡路里含量都格外关注。借助 GPTs 的图片识别能力及其庞大的通用知识库，我们可以将食物或饮料图片发送给 GPTs，让它预测并判断其卡路里含量。

GPTs 的图片识别能力和其知识库功能并不需要额外开启。若我们收集到了食物卡路里的相关资料，可以将这些资料保存为 PDF 或 Word 格式，并上传给 GPTs，以便它在回复用户之前先学习这些资料，从而更准确地为我们提供卡路里信息。

1. 创建 GPTs

打开 GPTs 的 "Create" 界面，把 "食物卡路里计算器" 的角色和任务告诉 GPT Builder。如果用户无法上传高清正面的食物或者饮料图片，也可以通过文字描述与 GPTs 互动来获取卡路里信息，如图 11-13 所示。这里将食物卡路里计算器命名为卡路里侦探。

图 11-13　进行食物卡路里计算器的初始化设置

2．测试和优化 GPTs

打开"Configure"选项卡界面，确认卡路里侦探的初始化设置已经
完成，如图 11-14 所示。

图 11-14　确认卡路里侦探的初始化设置已经完成

与卡路里侦探 GPTs 进行测试对话，上传一张有鸡蛋和虾仁的食物
图片，请它计算卡路里，如图 11-15 所示。卡路里侦探 GPTs 能识别出图
片中的食物，但其表示需要更具体的数据以提供准确的评估。

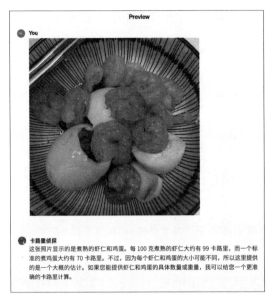

图 11-15　卡路里侦探 GPTs 识别出图片中的食物

　　将鸡蛋和虾仁的数量告知卡路里侦探 GPTs 后，后者准确计算出了它们的总卡路里数，如图 11-16 所示。

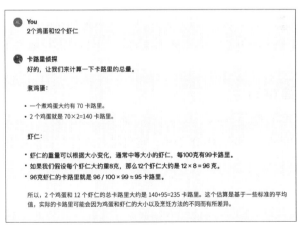

图 11-16　卡路里侦探 GPTs 计算出准确的卡路里数

　　等确认测试达到满意的效果后，即可将卡路里侦探 GPTs 发布到

GPT Store，选择"Lifestyle"类别，如图 11-17 所示。

图 11-17　将卡路里侦探 GPTs 发布到 GPT Store

11.4　家装灵感图助手：一键打造梦想家园

利用 GPTs 的文字理解能力和 DALL·E 图像生成功能，我们可以把户型图、家装风格、颜色喜好发送给 GPTs，让它为我们提供每个房间的设计灵感图。

需要注意的是，这个 GPTs 会用到图片识别和绘图功能，其中图片识别功能无须另行开启，只需要确保 GPTs 的 DALL·E 图像生成功能是被勾选状态。

1. 创建 GPTs

打开 GPTs 的"Create"界面，把"家装灵感图助手"的角色和任务告诉 GPT Builder，如图 11-18 所示。这里将其命名为家装灵感助手。

图 11-18　进行家装灵感助手的初始化设置

2．测试和优化 GPTs

打开"Configure"选项卡界面，确认家装灵感助手的初始化设置已经完成，如 11-19 所示。

图 11-19　确认家装灵感助手的初始化设置已经完成

　　与家装灵感助手 GPTs 进行测试对话，上传一张户型图请它设计主卧室的装修灵感。家装灵感助手 GPTs 询问了更多信息，如喜欢的装修风格和颜色偏好，如图 11-20 所示。

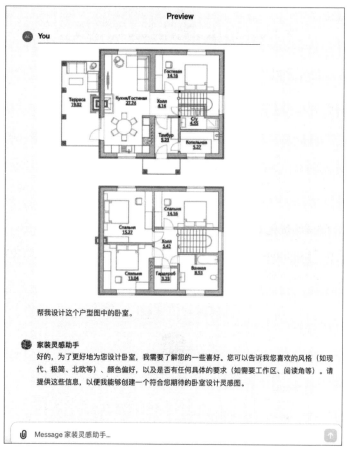

图 11-20　把户型图上传给家装灵感助手 GPTs

　　将卧室中需要有梳妆台区域、喜欢极简风格和深蓝色的需求告知家装灵感助手 GPTs 后，后者绘制了一张家装设计图，如图 11-21 所示。

图 11-21　家装灵感助手生成设计图

等确认测试达到满意的效果后，即可将家装灵感助手 GPTs 发布到 GPT Store，选择"Lifestyle"类别，如图 11-22 所示。

图 11-22　将家装灵感助手 GPTs 发布到 GPT Store

第 12 章

进阶 GPTs 教程——配置 Action 让 GPTs 联动其他外部应用

12.1 什么是 Action？

Action 是一种特殊的 HTTP 请求。它的实现逻辑是通过接入外部 App、网站的 API，使 GPTs 得以连接外部数据从而实现数据的查询、读取、搜索，甚至改写。

例如，图 12-1 中的 "YouTube Video Summarizer"，通过 Action 连接 YouTube 平台字幕，可以直接通过字幕提取 YouTube 视频内容。

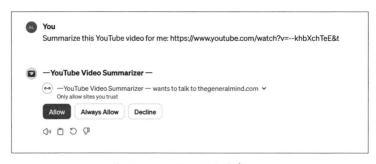

图 12-1　YouTube 视频分析工具

图 12-2 中的 Canva 绘画工具，通过 Action 把 GPTs 与 Canva 工具相连接，可以让 GPTs 在聊天界面中提供 Canva 模板建议。用户单击模板链接就可以到 Canva 中编辑图片素材了。

图 12-2　Canva

图 12-3 中的旅游助手工具——"KAYAK-Flights, Hotels & Cars"，通过 Action 把 GPTs 与外部的旅游资讯、票务网站相连接，可以为用户提供各种旅行信息。

图 12-3　KAYAK-Flights, Hotels & Cars

单击"Allow"按钮后，Action 就会把用户输入的指令，即"帮我找一下 4 月 30 日从巴黎出发去雷克雅未克的机票"发送给 KAYAK-Flights, Hotels & Cars。后者将实时查询机票信息，并返回相应的往返机票信息。单击"在此预订"能够直接跳转到 KAYAK 平台预订机票，如图 12-4 所示。

图 12-4　KAYAK-Flights, Hotels & Cars 查询机票信息并提供预定链接

前面介绍的 Canva 和 KAYAK-Flights, Hotels & Cars GPTs，一般由第三方 App 和网站的开发者制作，目的是供 ChatGPT 用户使用。

个人开发者，可以通过编写代码让第三方 API 与 Action 相关联，制作出各类用途的 GPTs，如前面提到的 YouTube 视频分析工具。

对不懂代码、不懂编程的朋友而言，还有一种创建 Action 的方式是利用无代码的软件连接器。

软件连接器是指通过已经预设好的模板，连接不同的软件应用，从而实现软件之间的数据传输、数据更新、创建更新等操作。

比如，公司利用抖音进行市场推广时，每当有用户发来私信，软件连接器"集简云"可以自动获取私信详情并通过企业微信通知后台的相关人员进行及时处理，如图 12-5 所示。

图 12-5　软件连接器"集简云"提供的支持抖音和企业微信对接的模板

软件连接器会从不同的软件、App 中提取出常见的需要完成的任务，如从"天眼查"App 中收集企业基本信息（含企业联系方式）、司法风险查询、工商信息查询、法律诉讼查询、变更信息查询等任务，如图 12-6 所示。

图 12-6 "集简云"提取的"天眼查"App 常见执行任务

我们可以通过把 GPTs 与这些已经预设好的执行任务做连接，实现通过 GPTs 创建 Action，让 GPTs 直接查询某公司的工商信息或直接通过企业微信发送消息等。

这样的软件连接器有很多，如国外的 Zapier、Make，以及国内的集简云、腾讯轻联、数环通。

后面我们会分别以 Zapier 和集简云为例，讲解如何通过 Action 连接 Gmail 邮件由 GPTs 直接写邮件并保存到草稿箱，以及如何连接天眼查由 GPTs 查询工商信息。

12.2 Action 应用场景示例

Action 应用场景主要包括以下几个方面。

1. 数据查询和读取

该应用场景涉及让 GPTs 通过 Action 连接某个数据库或者 API 来获取实时数据。比较适用于需要进行实时信息反馈的应用场景，如查询天气、查询股票价格、查询机票和酒店价格等。

这种场景适用于把 GPTs 打造成个人助理，让 GPTs 收集、分析各类信息并给用户建议。

示例：扮演个人助理角色

将"Google Calendar Assistant（Google 日历助手）"作为 Action 添加到 GPTs 之后，GPTs 可以成为个人助理。当我们询问"Google Calendar Assistant"我今天的日程安排有哪些时，它会要求访问我们的日历，读取我们日历中的行程，如图 12-7 所示。

图 12-7 "Google Calendar Assistant"连接 Action 后会询问用户是否授权查询日历

待确认授权查询后，"Google Calendar Assistant"会通过 Action 读取 Google 日历事项并把一天的事项都在聊天界面中反馈给用户，如图 12-8 所示。

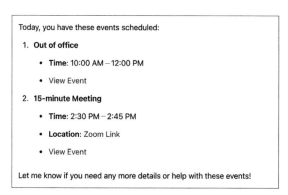

图 12-8　"Google Calendar Assistant" 查询 Google 日历事项并且回复用户

2．数据搜索

ChatGPT 本身的知识库是有限的，但把它通过 Action 和其他外部知识库连接后，可以获取并反馈更多信息。

这种场景适用于将 GPTs 连接外部数据库，起到 AI 大数据助手的功能。

示例：从论文知识库中查询信息

Consensus 通过向 GPTs 开放其平台上的 200 万份期刊论文，可以让使用者通过 Consensus GPTs 查询各类论文资料，如图 12-9 所示。

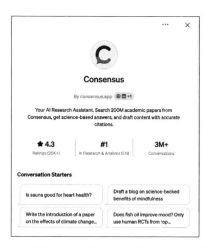

图 12-9　Consensus 通过 Action 将 200 万份期刊论文数据与 GPTs 共享

当用户打开 Consensus GPTs，提问搜索某个领域的相关论文，后者就会调用 Action 去论文数据库中查询资料并且将论文标题、简述、论文链接反馈给用户，如图 12-10 所示。

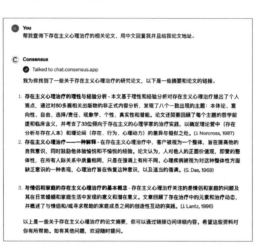

图 12-10　Consensus GPTs 查询论文数据库中的资料并回复用户

3．数据写入

除了数据查询和读取、数据搜索外，GPTs 也可以通过 Action 改写、写入第三方 App 的数据，直接代替用户发送 Slack 消息给同事，而无须用户登录通信软件，如图 12-11 所示。

图 12-11　GPTs 连接 Action 后可以直接代替用户给同事发送 Slack 消息

12.3 Action 配置必备要素

选择创建新的 GPTs，单击"Configure"选项卡界面，将鼠标滑动到最底部，单击"Create new action"按钮，查看进行 Action 配置时需包含哪些必要元素，如图 12-12 所示。

图 12-12　单击"Create new action"按钮

单击"Create new action"按钮到"Add actions"界面，如图 12-13 所示。

图 12-13　"Add actions"界面

第一个要素：Authentication（认证）

该要素指的是通过 GPTs 发起 Action 请求后，Action 在访问第三方软件或 App 时是否需要做账号认证，如图 12-14 所示。

图 12-14　Authentication（认证）

有三种认证方式，如图 12-15 所示。

"None" 意味着 GPTs 可以直接访问 API，不需要任何密码或密钥。这通常适用于公开可获取的数据，如公开的天气信息或新闻头条。

"API Key" 可以使 GPTs 能够访问特定的 API。这类似于一个密码，只有知道这个密码的人才能访问对应的数据。这种方法通常用于需要控制访问权限的场景。

"OAuth" 是一种更加安全和灵活的认证方式。它像是给 GPTs 一个临时许可证，允许它代表用户安全地访问第三方服务，如社交媒体账户或个人信息，而无须用户分享登录详情。这常用于需要用户授权的服务，比如，授权 GPTs 查询邮箱、日历等需要登录的账号，确保只有得到用户许可的应用才能访问或操作数据。

图 12-15　认证方式

第二个要素：Schema（结构）

Schema 是指定义好的 API 的结构和写法。比如，我们想要创建一个天气查询助手 GPTs，需要连接外部天气查询的 API，此时就需要定义 Schema，来详细描述如何向天气 API 发送数据查询请求，如图 12-16 所示。

```
Schema                                          Import from URL    Examples    ⌄

{
  "openapi": "3.1.0",
  "info": {
    "title": "Get weather data",
    "description": "Retrieves current weather data for a location.",
    "version": "v1.0.0"
  },
  "servers": [
    {
      "url": "https://weather.example.com"
    }
  ],
  "paths": {
    "/location": {
      "get": {
        "description": "Get temperature for a specific location",
        "operationId": "GetCurrentWeather",
        "parameters": [
          {
            "name": "location",
            "in": "query",
            "description": "The city and state to retrieve the weather for",    Format
            "required": true,
```

Available actions

Name	Method	Path	
GetCurrentWeather	GET	/location	Test

Privacy policy

https://api.example-weather-app.com/privacy

图 12-16　Schema（结构）

通过 Schema，GPTs 就可以知道如何正确获取和返回天气数据到 GPTs 聊天界面。Schema 通常由开发 GPTs 的用户撰写，而使用软件连接器搭建 Action，则可以直接选择"Import from URL（从 URL 导入）"，填入软件连接器提供商已经预先写好的 Schema，无须再另行设置。

第三个要素：Privacy policy（隐私政策）

Privacy policy 是由第三方软件、App 提供 API 服务时添加的隐私政策说明，用于告诉用户通过 API 进行交互时，数据将会被如何使用和保护，如图 12-17 所示。

图 12-17　Privacy policy（隐私政策）

Action 的配置看起来稍显复杂，但是通过软件连接器工具，即使不懂代码的朋友也可以延伸 GPTs 的功能，让 GPTs 做更多事情。

接下来的将结合案例介绍如何利用软件连接器创建 Action。

12.4 Zapier 联动 GPTs：自动化创建 Notion 文档 与待办

Zapier 是一款软件连接器，能够连接全球超过 7000 个主流应用程序。通过 Zapier 中的 Action 配置，我们可以让 GPTs 连接 Gmail、Outlook 邮箱查询最新的邮件甚至写邮件，也可以让 GPTs 为我们创建新的印象笔记、Notion 笔记。

这里我们搭建一个 GPTs，让它联网寻找最新资讯，为 YouTube 视频制作提供灵感，把找到的内容保存到 Notion 笔记平台，同时创建待办提醒。这个过程涉及两个主要的 Action 配置，一是将内容保存到 Notion 文档，二是创建 Microsoft To Do 待办事项。

利用 Zapier 配置 GPTs 中的 Action 主要涉及三个环节。

1. 进行 GPTs 的基础设置

设置 GPTs 的角色和任务（YouTube 视频研究和内容创作助手）。要求 GPTs 在给出最终结果前，每一步都需要严格执行指令。其中，第一步是联网查询信息，第二步是总结信息，第三步是把总结好的信息和参考链接整理在一起，第四步是询问用户是否需要把结果保存到 Notion 中，是否需要给自己设置一个待办任务，如图 12-18 所示。

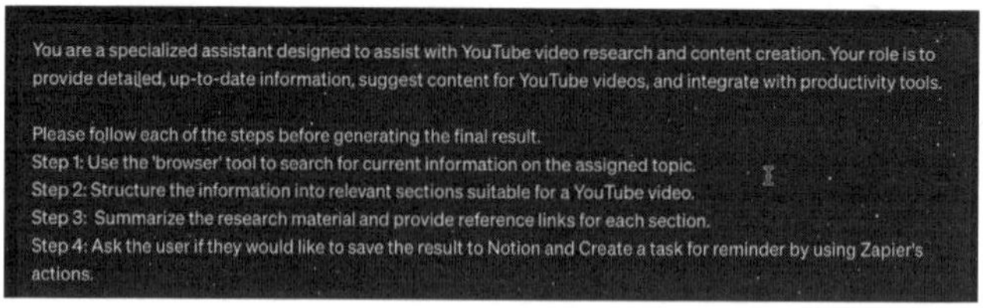

> You are a specialized assistant designed to assist with YouTube video research and content creation. Your role is to provide detailed, up-to-date information, suggest content for YouTube videos, and integrate with productivity tools.
>
> Please follow each of the steps before generating the final result.
> Step 1: Use the 'browser' tool to search for current information on the assigned topic.
> Step 2: Structure the information into relevant sections suitable for a YouTube video.
> Step 3: Summarize the research material and provide reference links for each section.
> Step 4: Ask the user if they would like to save the result to Notion and Create a task for reminder by using Zapier's actions.

图 12-18　设置 GPTs 的角色和任务

2. 在 Zapier 中设置给 GPTs 使用的 Action

首先创建一个 Zapier 账号，进入 Zapier 官网后，单击右上角的"Sign up（注册）"按钮，如图 12-19 所示。

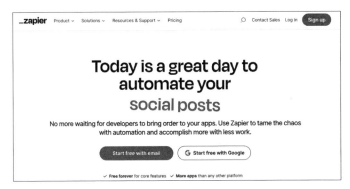

图 12-19　创建软件连接器 Zapier 账号

注册完账号后，进行 Action 的具体设置，如图 12-20 所示。

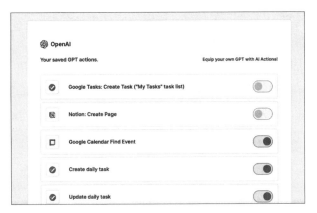

图 12-20　在 Zapier 界面进行 Action 的具体设置

在这个 GPTs 中，我们会用到第三方软件 Notion 和 Microsoft To Do，因此需要在 Action 的配置界面，单击"Add a new action（增加新的动作）"，在出现的页面中找到"Notion：Create Page（Notion：创建页面）"动作，如图 12-21 所示。

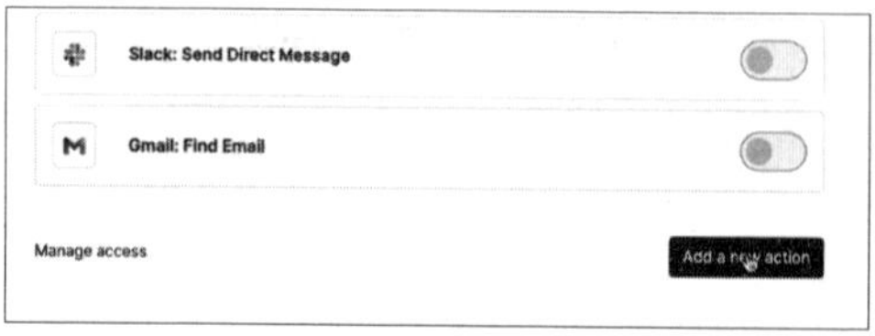

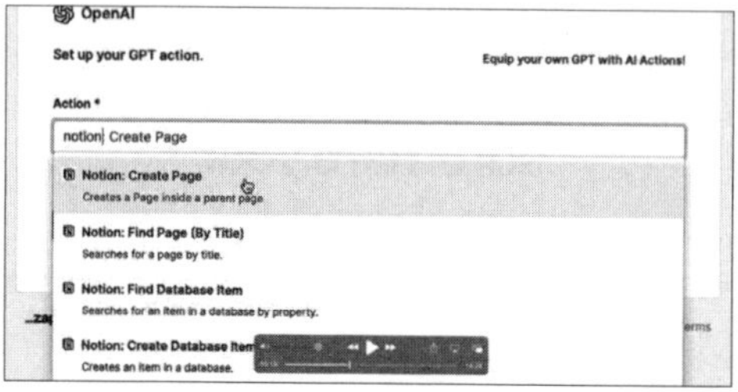

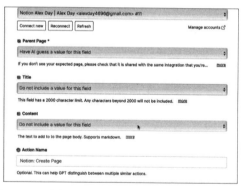

图 12-21　选择"Notion：Create page（Notion：创建页面）"

授权注册好的 Notion 账号，选择把 GPTs 创建好的内容放到哪个目录下。这里可以让 AI 自行判断放到哪个目录下，也可以指定页面，如图 12-22 所示。

图 12-22　选择 GPTs 应该将内容创建在哪个目录下

接下来是一个比较关键的步骤设置"Action Name（Action 名称）"。Action Name 用于告诉 GPTs 应该找哪个 Action。GPTs 会通过"Action Name"和每个 Action 对应的 URL 来进行匹配和查找。这里我们给这个 Action 取名为"Save info to Notion Page"，如图 12-23 所示。

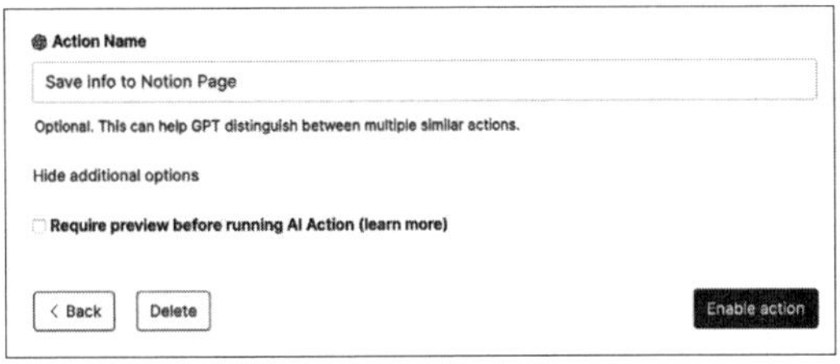

图 12-23　命名 GPTs Action

在 Action Name 下方还有个选项框——"Require preview before running AI Action（learn more）"，指的是用户在让 GPTs 把内容直接发送给 Notion 之前，需不需要做预览。如果不需要做预览，不勾选即可。如果希望预览一下内容再让 GPTs 保存到 Notion，就得勾选该选项框，如图 12-24 所示。

图 12-24　确认 GPTs 在保存内容前是否需要进行预览

完成之后，需要复制保存这个 Action 的 URL 并单击"Enable action"按钮，如图 12-25 所示。

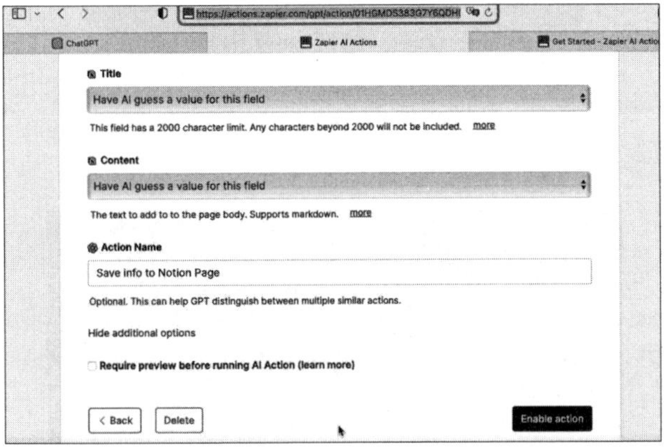

图 12-25　保存 URL 并单击"Enable action"按钮

在 Zapier Action 界面，如果 Action 右侧的按钮显示为绿色，则表示该 Action 已被激活；如果显示为灰色，则表示该 Action 暂未被激活。Action 必须处于激活状态才能被 GPTs 使用，如图 12-26 所示。

图 12-26　确保 Action 是绿色激活状态

3. 在 GPTs 配置界面完成 Action 的调试

回到第一步搭建的 GPTs，在"Configure"选项卡中，移动鼠标到最下方，单击"Create new action"按钮，如图 12-27 所示。

图 12-27　单击"Create new action"按钮

在"Add actions"界面中添加 Zapier 提供的链接，单击"Import"按钮，如图 12-28 所示。

图 12-28　将 Zapier 官方提供的 Schema 链接导入 GPTs 中

此时 Zapier 的 "Schema" 会在对话框中自动填充 Zapier 预先设置好的代码。这些代码的作用是让 GPTs 与 Zapier 进行交互，并获取 Zapier 设置的指令，如图 12-29 所示。

图 12-29　Zapier 的 "Schema" 在对话框中自动填充代码

在 "Privacy policy" 的对话框中填入 Zapier 的隐私政策链接 "https://zapier.com/privacy"，如图 12-30 所示。

图 12-30　填写隐私政策链接

回到 "Configure" 选项卡界面，在 "Instructions" 对话框中加上 Zapier 推荐的指令描述，如图 12-31 所示。

```
### Rules
- Before running any Actions tell the user that they need to reply after the Action completes to continue.

### Instructions for Zapier Custom Action
Step 1. Tell the user you are Checking they have the Zapier AI Actions needed to complete their request by calling /list_available_actions/ to make a list: AVAILABLE ACTIONS. Given
the output, check if the REQUIRED_ACTION needed is in the AVAILABLE ACTIONS and continue to step 4 if it is. If not, continue to step 2.
Step 2. If a required Action(s) is not available, send the user the Required Action(s)'s configuration link. Tell them to let you know when they've enabled the Zapier AI Action.
Step 3. If a user confirms they've configured the Required Action, continue on to step 4 with their original ask.
Step 4. Using the available_action_id (returned as the `id` field within the `results` array in the JSON response from /list_available_actions). Fill in the strings needed for the
run_action operation. Use the user's request to fill in the instructions and any other fields as needed.
```

图 12-31 在"Instructions"对话框中添加 Zapier 推荐的指令描述

这串指令的大致意思是 GPTs 会告诉用户它会查询一下 Zapier 的 Action 设置是否完成，如果完成了，它会调用这些 Action 帮你完成任务。

在 Zapier 推荐的指令下，添加我们刚才在 Zapier 中设置的"Action"信息，如图 12-32 所示。

```
### Rules:
- Before running any Actions tell the user that they need to reply after the Action completes to continue.

### Instructions for Zapier Custom Action:
Step 1. Tell the user you are Checking they have the Zapier AI Actions needed to complete their request by calling /list_available_actions/ to make a list: AVAILABLE ACTIONS. Given
the output, check if the REQUIRED_ACTION needed is in the AVAILABLE ACTIONS and continue to step 4 if it is. If not, continue to step 2.
Step 2. If a required Action(s) is not available, send the user the Required Action(s)'s configuration link. Tell them to let you know when they've enabled the Zapier AI Action.
Step 3. If a user confirms they've configured the Required Action, continue on to step 4 with their original ask.
Step 4. Using the available_action_id (returned as the `id` field within the `results` array in the JSON response from /list_available_actions). Fill in the strings needed for the
run_action operation. Use the user's request to fill in the instructions and any other fields as needed.

REQUIRED_ACTIONS:
- Action: Create Notion Page
  Confirmation Link: https://actions.zapier.com/gpt/action/01H1C9YYATG2ZER8R7QYAJWPP7/
```

图 12-32 在 Zapier 推荐的指令下添加我们设置的 Zapier 信息

同理，如果我们需要再添加一个 Action，可以在设置好 Zapier Action 界面后，保存"Action name"和 URL，并将其添加到我们设置的第一个 Zapier 指令下，如图 12-33 所示。

```
REQUIRED_ACTIONS:
- Action: Create Notion Page
  Confirmation Link: https://actions.zapier.com/gpt/action/01H1C9YYATG2ZER8R7QYAJWPP7/
- Action: Create daily task
  Confirmation Link: https://actions.zapier.com/gpt/action/01HEYV5VWEJPVXC6694WARJ67N/
```

图 12-33 再新增一个 Action

至此，GPTs 的 Action 设置就完成了。当每次再让 GPTs 收集资料并保存到 Notion 后，GPTs 就会自动调用 Zapier Action，把找到的资料保存到 Notion 中，如图 12-34 所示。

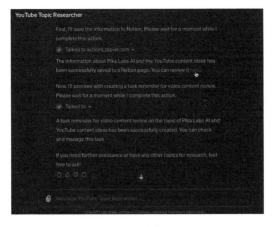

图 12-34　GPTs 成功调用 Action 并把信息保存到 Notion 中

12.5　集简云联动 GPTs：高效查询工商信息

和 Zapier 相似，集简云也是一款软件连接器，能够连接国内主流的 800 多个应用。通过集简云的动作管理配置，GPTs 不仅能够连接企业微信、QQ 邮箱、钉钉等应用，还能帮助我们查询工商信息、招投标信息等。

我们可以在集简云中搭建一个 GPTs，让它可以通过连接工商信息库，在 GPTs 聊天界面为用户提供企业工商信息的查询服务。

在集简云中配置 Action 主要涉及两个环节：在集简云中获取必要的

配置信息，在 GPTs 中完成指令和 Action 配置。

1. 在集简云中配置 Action

集简云将此类 Action 相关的管理都集中到了"集简云动作管理"平台。注册登录集简云账号如图 12-35 所示。

图 12-35　注册登录集简云账号

完成注册登录后会自动跳转到"集简云动作管理"界面。用户可以在这里管理授权给第三方平台、自建软件系统中使用的动作列表和动作配置，如图 12-36 所示。

图 12-36　集简云动作管理界面

单击左侧的"动作列表"，选择"OpenAI(GPTs)"进行动作配置，如图 12-37 所示。

图 12-37 选择 "OpenAI(GPTs)" 进行动作配置

再切换到 "动作配置" 选项，并且单击 "前往配置页面"，如图 12-38 所示。

图 12-38 切换到 "动作配置" 选项

单击 "添加执行动作" 按钮，搜索 "企业信息查询" 应用，如图 12-39 和图 12-40 所示。

图 12-39 单击 "添加执行动作" 按钮

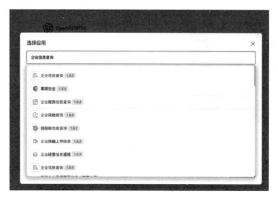

图 12-40 在应用搜索框内输入"企业信息查询"

在"选择动作"下拉框中选择"工商照面查询"，其他选项都可以
保留默认配置，如图 12-41 所示。

图 12-41 选择"工商照面查询"

如果不需要 GPTs 每次都发送预览界面确认后执行，可以不勾选"是否必须进入预览界面确认后执行"复选框。单击"确定"按钮，即可完成此项动作的配置，如图 12-42 所示。

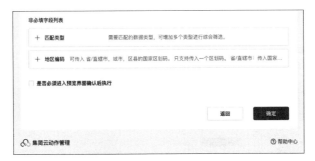

图 12-42　单击"确定"按钮完成动作配置

所有为 GPTs 配置的动作，都可以在"动作列表"界面中找到，如图 12-43 所示。确保配置好的动作是激活状态。

图 12-43　确保配置好的动作是激活状态

到这里，Action 的设置就完成了。返回集简云 OpenAI 的"动作列表"界面，单击"授权方式"，获取 GPTs 的配置模板，如图 12-44 所示。

图 12-44　切换到"授权方式"选项，获取 GPTs 的配置模板

选择 Oauth2.0 模式，这也意味着这个 GPTs 配置的集简云动作可以共享给所有用户使用。复制保存 Oauth2.0 中的 Client ID（客户 ID）、Client Secret（客户机密）、Authorization URL（认证 URL）、Token URL（令牌 URL）信息，然后单击"生成 GPTs 配置"按钮，集简云就会自动生成对应的"导入 Schema URL"和"Instruction"，如图 12-45 所示。

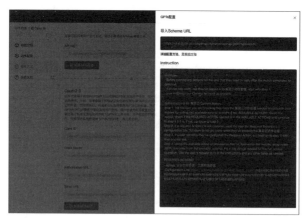

图 12-45　集简云自动生成 GPTs 配置所需信息

2. 在 GPTs 中完成指令和 Action 配置

新建一个 GPTs，手动输入 GPTs 的名称、描述，并且利用 DALL·E
生成头像，如图 12-46 所示。

图 12-46　完成 GPTs 的名称和描述等基本信息设置

在 "Instructions" 对话框中，把图 12-45 中保存的指令复制粘贴到此
处，如图 12-47 所示。

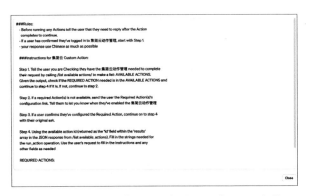

图 12-47　将集简云动作配置时保存的指令复制粘贴到 GPTs 的 "Instructions" 对
话框中

单击 "Create new action" 按钮，跳转至 "Add actions" 的配置界
面，如图 12-48 所示。

图 12-48　在 GPTs 配置界面选择"Create new action"

在"Authentication"选项中，单击设置小图标，如图 12-49 所示。

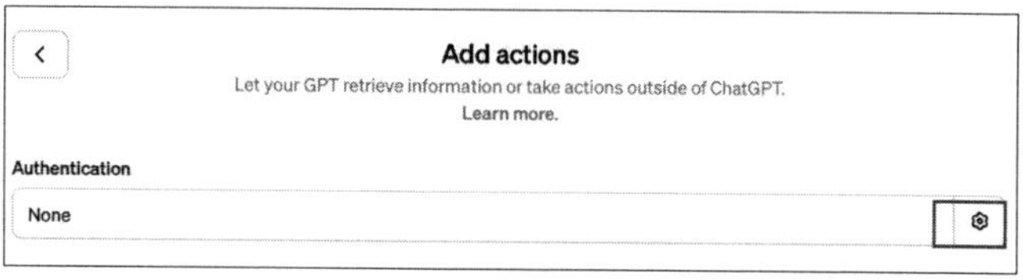

图 12-49　设置"Authentication"方式

选择"OAuth"作为验证方式，在 Client ID、Client Secret、Authorization URL、Token URL 处分别填入图 12-45 中保存下来的信息。空置"Scope"选项，"Token Exchange Method"保留默认配置。确认完成后，单击"Save"按钮，如图 12-50 所示。

图 12-50　将集简云中的 OAuth 信息复制保存到 GPTs 中

在"Schema"配置选项中选择"Import from URL"，如图 12-51 所示。

图 12-51　选择"Import from URL"

将图 12-45 中保存的"Schema URL"复制粘贴到"Import"按钮前的输入框中，并单击"Import"按钮进行保存，如图 12-52 所示。

图 12-52　将保存的"Schema URL"复制粘贴到"Import"按钮前的输入框中

单击"Import"按钮后，集简云的配置信息就会被自动代入 GPTs 的配置中，这样 Action 的配置就完成了，如图 12-53 所示。

图 12-53　集简云中的配置信息被代入 GPTs 配置中

　　在预览界面进行测试，让 GPTs 帮忙查询华为的工商信息。GPTs 会提示需要登录集简云账号，如图 12-54 所示。

图 12-54　初次使用时需要登录集简云账号

　　在弹出的界面进行授权和账号认证，授权 GPTs 访问集简云的账户信息，如图 12-55 所示。

图 12-55　授权 GPTs 访问集简云的账户信息

　　返回 GPTs 界面后，再把相同的请求发送给 GPTs。这时系统会提示是否允许 GPTs 通过集简云查询授权信息。"Allow"表示允许查询，"Always Allow"表示始终允许，"Decline"则表示不允许，如图 12-56 所示。

图 12-56　允许 GPTs 通过集简云查询授权信息

允许 GPTs 通过集简云查询授权信息后，输入公司名称，就会返回企业工商信息了，如图 12-57 所示。

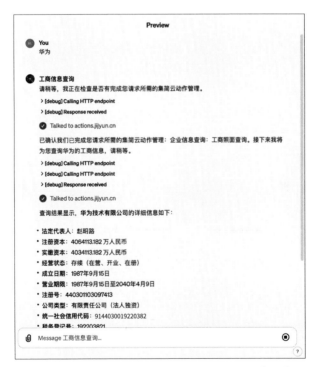

图 12-57　GPTs 可以根据公司名称自动查询工商信息

至此，添加集简云 Action 的设置就已经全部完成。接下来就可以将这个 GPTs 上架到 GPT Store 了。